Axel Gutjahr

Kaninchen, Ziege, Huhn & Co.

Stocker

Axel Gutjahr

Kaninchen, Ziege, Huhn & Co.

Kleintierhaltung in Hof und Garten

Leopold Stocker Verlag
Graz – Stuttgart

Umschlaggestaltung:
DSR Werbeagentur Rypka GmbH, 8143 Dobl/Graz, www.rypka.at
Titelbild: BILDHAUER, Graz

Bildnachweis:
Bildnachweis: Hanreich, L.: S. 30 u., S. 42, S. 49, S. 50; Milan, W.: S. 43, Ringdorfer, F. S. 14, S. 17, S. 19, S. 25, S. 26, S.27 r., S. 28, S. 29, S. 30 r.o., S. 31 o., S. 33 u., S. 35 o., S. 35 u. Die restlichen Bilder wurden uns freundlicherweise vom Autor zur Verfügung gestellt. Grafiken und Zeichnungen: Benno Müller, Hellborn und vom Autor (Entwurf), Thomas Sommer (grafische Umsetzung)

Bibliografische Information der Deutschen Nationalbibliothek
Die Deutsche Nationalbibliothek verzeichnet diese Publikation in der Deutschen Nationalbibliografie; detaillierte bibliografische Daten sind im Internet unter http://dnb.d-nb.de abrufbar.

Hinweis: Dieses Buch wurde auf chlorfrei gebleichtem Papier gedruckt. Die zum Schutz vor Verschmutzung verwendete Einschweißfolie ist aus Polyethylen chlor- und schwefelfrei hergestellt. Diese umweltfreundliche Folie verhält sich grundwasserneutral, ist voll recyclingfähig und verbrennt in Müllverbrennungsanlagen völlig ungiftig.

Auf Wunsch senden wir Ihnen gerne kostenlos unser Verlagsverzeichnis zu:
Leopold Stocker Verlag GmbH
Hofgasse 5 / Postfach 438
A-8011 Graz
Tel.: +43 (0)316/82 16 36
Fax: +43 (0)316/83 56 12
E-Mail: stocker-verlag@stocker-verlag.com
www.stocker-verlag.com

ISBN 978-3-7020-1450-6

Layout und Repro: DSR Werbeagentur Rypka GmbH, 8143 Dobl/Graz
Druck: Druckerei Theiss GmbH, 9431 St. Stefan

Inhalt

Einleitung

Die Gründe, Kleintiere zu halten, können sehr unterschiedlich sein. Während sich manche Menschen in ihrer Freizeit vor allem hobbymäßig mit Tieren beschäftigen wollen, überwiegen bei anderen pragmatische Überlegungen. Letztere möchten oftmals ihre wertvollen Küchen- und Gartenabfälle, wie etwa hart gewordenes Brot, Möhrenkraut und Kartoffelschalen, nicht in einer Mülltonne oder auf dem Kompost entsorgen, sondern lieber an Kleintiere verfüttern. Aus ähnlichen Erwägungen heraus schaffen sich auch zahlreiche Menschen, die Streuobstwiesen bzw. Gärten mit großen Grünflächen besitzen, Schafe oder Ziegen an, damit diese als „vierbeinige Rasenmäher" fungieren.

Schafe als „vierbeinige Rasenmäher"

Des Weiteren möchten sich immer mehr Menschen ganz bewusst von Erzeugnissen ernähren, die wirklich die Prädikate „Bio“ und „Öko“ verdienen. Selbstverständlich bieten sich dafür idealerweise tierische und pflanzliche Produkte an, die man selbst erzeugt hat. Man weiß dann bspw. ganz genau, wie diese Erzeugnisse entstanden sind und dass sie keine Reste von wachstumsfördernden Substanzen oder sonstigen unerwünschten Medikamenten enthalten.

Grundsätzlich ist die Haltung von Tieren, egal ob es sich dabei um Nutztiere, wie etwa Kaninchen und Hühner, oder um Heimtiere, wie Aquarienfische und Meerschweinchen, handelt, auch mit der Übernahme von Verantwortung für die jeweiligen Besitzer verbunden. Die gehaltenen Tiere müssen zwar nicht zwangsläufig den sprichwörtlichen Mittelpunkt darstellen, um den sich alles dreht, aber sie sollten zumindest artgerecht untergebracht sein und eine ordentliche Pflege sowie ausreichend Futter erhalten.

Dieses Buch möchte eine Hilfe sein, wenn es darum geht, die Haltung hinaus von Kleintieren sinnvoll zu organisieren. Darüber hinaus zeigt es Möglichkeiten auf, wie sich durch zweckmäßige Bewirtschaftungsweisen Reserven erschließen und die anfallenden Kosten minimieren lassen können.

Schafe

Es begann mit den Lämmern armenischer Mufflons

Gemeinsam mit Hunden und Ziegen gehören Schafe zu den ältesten Nutztieren der Menschen. Vor etwa 10.000–12.000 Jahren begannen die Menschen in der Levante, die Teile der heutigen Türkei, Syriens, des Libanons, Israels, Ägyptens, Iraks sowie Irans umfasste, die ersten Lämmer des Armenischen Mufflons (*Ovis orientalis orientalis*) zu fangen.

In einem anschließenden Prozess, der sich über mehrere Jahrhunderte erstreckte und als Domestikation oder Haustierwerdung bezeichnet wird, erfolgten deren Zähmung, Vermehrung und erste züchterische Bearbeitungen.

Mufflon, die Stammform aller Hausschafe

Schaf mit Lamm

Inzwischen existieren weltweit mehrere Hundert Schafrassen, die sich in ihrem äußeren Erscheinungsbild, dem so genannten Phänotypen, teilweise sehr deutlich voneinander unterscheiden. Das ändert jedoch nichts an der Tatsache, dass diese Tiere eine gemeinsame Art repräsentieren. Ein wichtigstes Kriterium für die Zugehörigkeit zu einer Art besteht darin, dass sich die betreffenden Tiere (im konkreten Fall die Vertreter unterschiedlicher Schafrassen) uneingeschränkt kreuzen lassen und anschließend fruchtbare Nachkommen zur Welt bringen. Bei Nachkommen, die das Kreuzungsprodukt zweier Rassen darstellen, sprechen Züchter von Mischlingen, Hybriden oder Bastarden.

Zeugungsfähige männliche Schafe nennt man Böcke oder Widder, während es sich bei den kastrierten Exemplaren um Hammel handelt. Die erwachsenen weiblichen Tiere werden als Muttern, Auen oder einfach nur Schafe und die Neugeborenen als Lämmer bezeichnet.

Die gegenwärtigen Nutzungstypen

In früheren Jahrhunderten wurden Schafe mit dem Ziel gehalten, sowohl ihr Fleisch, ihre Milch als auch ihre Wolle zu nutzen. Gegenwärtig hat die Erzeugung von Schafwolle für die Mehrzahl der Kleintierhalter jedoch kaum noch Relevanz. Im Gegenteil, wenn man nicht selbst die Technik des Schafscherens beherrscht, sind die dafür erforderlichen Lohnkosten oft höher als der aus dem Wollverkauf erzielte Erlös.

Ebenso spielte in der jüngeren Vergangenheit – zumindest für die meisten Kleintierhalter – die Erzeugung von Schafmilch und deren Weiterverarbeitung zu Quark und Käse nur eine untergeordnete Rolle. Seit einigen Jahren wächst allerdings die Nachfrage für derartige Produkte ständig (das trifft analog auch auf Ziegenmilch und -käse zu).

Für den überwiegenden Teil der Schafhalter steht momentan die Erzeugung von möglichst magerem, zartem Fleisch im Vordergrund. Außerdem lassen sich manche Halter die Felle ihrer geschlachteten Tiere gerben, um diese anschließend als kleine Teppiche oder Auflagen für Sitzmöbel zu nutzen.

Basierend auf ihren Erscheinungsbildern und Leistungsmerkmalen hat man die Schafrassen in Gruppen zusammengefasst. Diese drei Gruppen werden als Land-, Fleisch- und Milchschafe bezeichnet.

Bei den Landschafen handelt es sich zumeist um sehr alte Rassen. Diese zeichnen sich fast immer durch eine große Widerstandfähigkeit gegenüber Kälte, Wärme, Schnee und feuchtem Wetter aus. Darüber hinaus haben sie sich als genügsame Futterverwerter erwiesen, die teilweise sogar junge Sträucher gut verbeißen. Falls die Haltung vorwiegend auf Flächen mit einem hochwertigen Gras-Leguminosen-Kräuter-Bestand erfolgt und gleichzeitig nicht übermäßig Kraftfutter angeboten wird, liefert die Mehrzahl der Landschafe ein sehr delikates Fleisch. Dieses weist bei einigen Rassen, wie

Kamerunschafe

Heidschnucke

Ostfriesisches Milchschaf

etwa bei Heidschnucken, sogar einen wildbretähnlichen Geschmack auf.

Im weiteren Sinne kann man auch die Haarschafe, wie etwa Kameruner und Soay, zu den Landschafen zählen. Im Unterschied zu den Merinoschafen besitzen diese Rassen kein Wollvlies, sondern ein haariges Fell.

Fleischrassen, wie etwa die Texel oder die Schwarzköpfigen Fleischschafe, zeichnen sich durch einen enormen Muskelansatz aus. Bei üppiger Fütterung neigen aber viele Fleischrassen zur Verfettung, welche aus Sicht der meisten Verbraucher unerwünscht ist. Um eine solch hohe Fettablagerung in der Muskulatur zu vermeiden, sollte man auch den Fleischschafen nur geringe Kraftfuttermengen anbieten. Außerdem ist es ratsam, den überwiegenden Teil der Tiere relativ zeitig zu schlachten, weil bei älteren Exemplaren die Verfettung noch schneller einhergeht als bei jüngeren. Diesbezüglich haben sich 0,5–1,3 Jahre als günstiges Schlachtalter bewährt.

Das Ostfriesische Milchschaf verkörpert in Mitteleuropa nahezu die einzige gehaltene Milchrasse. Bei der Hauszüchtung dieser Tiere wurden wiederholt Marschschafe eingekreuzt, welche früher an der Nordseeküste weit verbreitet waren. Unbeeindruckt davon, dass die Ostfriesischen Milchschafe das raue Klima der Nordsee sehr mögen, haben sie sich als recht anpassungsfähig erwiesen und kommen auch mit dem milderen Klima im Binnenland sowie mit dem in Gebirgsgegenden gut zurecht. Hervorzuheben sind die hervorragenden Fruchtbarkeits- und Muttereigenschaften dieser Rasse. So stellen Mehrlingsgeburten und durchschnittliche Jahresmilchleistungen von 450–600 Litern schon fast Normalwerte für die Ostfriesischen Milchschafe dar. Im Unterschied zu den meisten anderen Schafrassen, von denen man immer mindestens zwei Exemplare pflegen sollte, um ihre artspezifischen Kontaktansprüche zu erfüllen, ist das beim Ostfriesischen Milchschaf nicht unbedingt notwendig. Stattdessen lassen sich diese Tiere auch einzeln halten – allerdings unter der Voraussetzung, dass man genügend Zeit und Muße hat, sich viel mit ihnen zu beschäftigen. Unter derartigen Bedingungen werden viele Ostfriesische Milchschafe extrem zahm und ähnlich anhänglich wie gut erzogene Hunde.

Anatomische und physiologische Grundlagen der Schafernährung

Schafe gehören zu der artenreichen Säugetierordnung der Wiederkäuer (*Ruminantia*). Sie besitzen eine sehr bewegliche, geteilte Oberlippe, die von einem dünnen Häutchen zusammengehalten wird. Mit Hilfe ihrer Oberlippe klemmen die Schafe das auf der Weide stehende Futter zwischen den Schneidezähnen des Unterkiefers und der Kauplatte des Oberkiefers ein. Durch eine leichte, seitliche Bewegung des Kopfes erfolgt anschließend das Abreißen des Futters.

Aufgrund ihrer speziellen Lippenanatomie fällt es Schafen allerdings deutlich schwerer als Rindern, sehr langes Futter abzuweiden. Deshalb mögen sie es, wenn dieses nur Längen von maximal 10–20 cm aufweist.

Gleichzeitig ist es wichtig, dass sich auf den Weideflächen immer genügend fressfähiger Aufwuchs befindet. Ansonsten besteht die Gefahr, dass die Schafe das noch vorhandene Futter

Schafe mögen Futteraufwuchs, der nicht allzu lang ist, besonders gern.

extrem tief verbeißen. Das hat wiederum eine Schädigung der Grasnarbe zur Folge, wodurch partielle Kahlstellen auf der Weide entstehen können.

Je mehr Zellulosebestandteile das Futter enthält, desto länger wird es durch mahlende Bewegungen der Backzähne zerkleinert. Gleichzeitig erfolgt eine starke Einspeichelung der Nahrung, die dadurch gute Gleiteigenschaften erhält und die Speiseröhre leichter passiert.

An die Speiseröhre schließt sich der sehr komplex aufgebaute Wiederkäuermagen an.

Dieser besteht aus dem Pansen, dem auch als Haube bezeichneten Netzmagen, dem Blättermagen (oder Psalter) und dem Labmagen.

Der abgeschluckte Nahrungsbrei gelangt von der Speiseröhre in den Pansen, wo er mit viel Pansensaft versetzt, kräftig durchmischt und weiter zerkleinert wird. Im Pansensaft sind enorme Mengen an verdauungsfördernden Bakterien enthalten. Diese sondern Enzyme ab, die die verholzten Zellwände von Gräsern und Kräutern aufspalten und gleichzeitig mit dem Zersetzen der Zellulose beginnen. Einen Teil der dabei freiwerdenden Kohlenhydrate nutzen die Bakterien zum Regenerieren ihrer Körpersubstanzen. Außerdem sind bestimmte Mikroorganismen des Pansens in der Lage, aus den im Futter vorhandenen Stickstoffverbindungen einfache Eiweiße zu produzieren. Diese werden später in den Labmagen und den Dünndarm transportiert, wo ihre Verdauung erfolgt.

Zumeist dauert es zwischen einer halben und einer Stunde, bis der Nahrungsbrei den sackartig aussehenden Pansen komplett durchlaufen hat. Anschließend gelangt dieser in den Netzmagen. Von dort wird er in kleinen Portionen in die Maulhöhle zurückbefördert, damit ein nochmaliges Durchkauen stattfinden

Verdauungstrakt Schaf

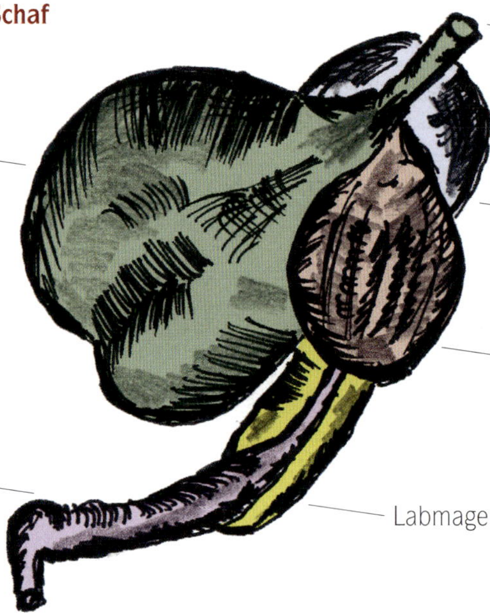

kann. Während des Wiederkäuens zerkleinern die Schafe den Nahrungsbrei noch stärker und versetzen ihn mit weiterem Speichel. Danach schlucken sie den Nahrungsbrei erneut ab, der nun nicht wieder in den Pansen, sondern in den Blättermagen gelangt. Mit seinem buchblätterartig vorgestülpten Muskelfalten presst dieser Magenteil einen Großteil des Wassers aus der breiigen Masse und zerkleinert diese durch reibende Bewegungen noch feiner. An den Blättermagen schließt sich der Labmagen an, in welchem ein saures Milieu herrscht, das den Abbau der Eiweißverbindungen forciert. Durch wellenartige, als Peristaltik bezeichnete Bewegungen erfolgt eine zügige Weiterbeförderung der Nahrungsmasse in den Dünndarm. In diesem Abschnitt des Verdauungstraktes findet durch den einmündenden Gallen- und Bauchspeicheldrüsensaft eine Aufspaltung der Nahrungspartikel bis in den niedermolekularen Bereich statt. Die dabei freiwerdenden Nähr- und Mineralstoffe werden über die Darmschleimhaut resorbiert. Der Dünndarm mündet in den Dickdarm, der nur noch in einem sehr geringen Umfang Nähr-und Mineralstoffe resorbiert. Stattdessen besteht seine wichtigste Aufgabe darin, den noch vorhandenen, jedoch weitgehend unverdaulichen Substanzen möglichst viel Restwasser zu entziehen und dabei den Kot zu formen.

Bei Sauglämmern ist der Pansen noch funktionslos

Weil die von Sauglämmern aufgenommene Milch weder Zellulose noch andere schwer aufzuschließende Bestandteile enthält, gelangt diese Nahrung nicht erst in den Pansen, sondern fließt sofort durch die so genannte Psalterrinne in den Labmagen, wo die Verdauung des Milcheiweißes beginnt.

Schaffutter und Schaffütterung

Nicht zu Unrecht wird behauptet, dass Schafe sehr anspruchslose und genügsame Kostgänger sind. Trotzdem müssen auch bei der Ernährung und Fütterung dieser Tiere einige Grundsätze beachtet werden, damit sie ihr genetisch vorhandenes Leistungspotential im vollen Umfang ausschöpfen können. Am wichtigsten dabei ist, dass durch das Futter eine komplette Deckung der täglichen Bedarfsmengen an Energie, Rohproteinen (Eiweißen), Vitaminen und Spurenelementen erfolgt. Des Weiteren muss die Nahrung genügend Rohfaseranteile enthalten.

Falls der Rohfaseranteil des Futters zu niedrig und gleichzeitig der Eiweißgehalt zu hoch ist, wird das Wiederkäuen eingeschränkt oder kommt sogar völlig zum Erliegen. Als Folgereaktion übersäuert der Pansen und der Weitertransport des Nahrungsbreis stagniert. Dadurch sterben die verdauungsfördernden Mikroorganismen ab und im Pansen setzen Gärungsprozesse ein. Bei diesen Prozessen entstehen große Mengen an Gärgasen, welche nicht aus dem Körper entweichen können. Die Gärgase bewirken ein als Trommelsucht bezeichnetes Aufblähen des Bauchraumes. Letzterer fühlt sich dann extrem hart an und muss unverzüglich fachmännisch behandelt werden.

Die Gefahr einer Trommelsucht ist vor allem im zeitigen Frühjahr sehr hoch, wenn die Schafe nach längerem Stallaufenthalt erstmals auf Weiden grasen dürfen, auf denen reichlich zartes Grünfutter steht. Das frische Grünfutter weist zu diesem Zeitpunkt einen besonders hohen Eiweiß- und gleichzeitig einen geringen Rohfasergehalt auf. Hinzukommt, dass dieses Futter hervorragend schmeckt und die Schafe dann die Gier haben, sich damit regelrecht vollzustopfen. Um den geringen Rohfasergehalt von derartigem Grünfutter zu kompensieren, sollte man den Tieren vor den ersten Weidegängen immer ausreichend Raufutter vorlegen. Darunter versteht man strukturreiches, langstieliges Heu und Stroh.

Das Grünfutter für Schafe setzt sich größtenteils aus mehrjährigen Süßgräsern (*Poaceae*) zusammen. Diese repräsentieren eine weltweit verbreitete Pflanzenfamilie, in welcher auch die Getreidearten integriert sind. Allerdings spielt Grüngetreide für die praktische Schaffütterung kaum eine Rolle, dafür aber spezielle Futter-

Lamm beim Milchsaugen

Wiesenheu ist ein hervorragendes Raufutter.

gräser, welche sich durch hohe Nährwerte auszeichnen. Zu den wichtigsten und gleichzeitig sehr wuchsfreudigen Futtergräsern gehören Knaulgras (*Dactylis glomerata*), Rohrglanzgras (*Phalaris arundinacea*), Wiesenlieschgras (*Phleum pratense*), Deutsches Weidelgras (*Lolium perenne*) und Welsches Weidelgras (*Lolium multiflorum*) sowie Wiesenfuchsschwanz (*Alopecurus pratensis*).

Auch an einen Futterlagerraum denken
Futtergräser bilden zugleich die wichtigste Grundlage für die Heugewinnung. Diesbezüglich gilt es, vor der Anschaffung von Schafen zu bedenken, dass ein ausreichend großer, trockener Raum zur Verfügung stehen muss, in dem man das Heu und andere Futterkomponenten lagern kann.

Einen weiteren wesentlichen Teil des Grünfutters stellen die Leguminosen dar, die oft als Hülsenfrüchtler bezeichnet werden. Bei den für die Schafernährung relevanten Arten handelt es sich fast ausschließlich um ein- und mehrjährige krautige Pflanzen, die zusammen mit den Gräsern das Hauptfutter auf den meisten Wiesen und Weiden bilden. Zu den wichtigsten Leguminosen gehören der auch als Wiesenklee bezeichnete Rotklee (*Trifolium pratense*), der Schweden- oder Bastardklee (*Trifolium hybridum*), die Blaue Luzerne (*Medicago sativa*), der Weißklee (*Trifolium repens*), die Zaunwicke (*Vicia sepium*) und die Esparsette (*Onobrychis viciifolia*). Als Leckerbissen haben sich auch Erbsenstroh und entleerte Hülsen (Schalen) von Speiseerbsen (*Pisum sativum*) erwiesen, die ebenfalls zu den Leguminosen gehören

Komplettiert wird das Grünfutter durch Kräuter, bei denen es sich um ein- und mehrjährige, nicht verholzende Pflanzen aus unter-

Die Hülsen von Erbsen stellen für Schafe echte Leckerbissen dar.

schiedlichen Familien handelt. Zu den Arten, die von Schafen besonders gern gefressen werden, gehören unter anderem Schafgarbe (*Achillea millefolium*), Löwenzahn (*Taraxacum officinale*) und Gänseblümchen (*Bellis perennis*).

Speziell bei der Winterfütterung spielt neben dem Raufutter das so genannte Saftfutter eine wesentliche Rolle für eine artgerechte Ernährung der Schafe. Unter Saftfutter versteht man in erster Linie Hackfrüchte und Kreuzblütler, wie etwa Markstammkohl (*Brassica oleracea* var. *Medullosa*) und Grünkohl (*Brassica oleracea* var. *Sabellica*). Zu den Hackfrüchten gehören Futterrüben (*Beta vulgaris subspecies vulgaris varietas crassa*) und auch als Steckrüben bezeichnete Kohlrüben (*Brassica napus subsp. Rapifera*) sowie Mohrrüben (*Daucus carota subsp. Sativus*). Um die benötigten Hackfrüchte und Kreuzblütler nicht kaufen zu müssen, hat es sich bewährt, diese in ausreichenden Mengen im Garten oder auf einem kleinen Acker anzubauen.

Weitere gute Saftfutterkomponenten stellen Kern(fall)obst, also Äpfel und Birnen, sowie alle im Haushalt und Garten anfallenden rohen Gemüseabfälle dar.

Junges Weidegras ist immer noch das beste und billigste Futter für die Schafe.

Ergänzt wird die Palette der potentiellen Futtermittel durch Kraftfutterkomponenten, zu denen vor allem gequetschte Getreidekörner, Sojaschrot, Zuckerrübentrockenschnitzel und im Haushalt anfallende Brotreste gehören.

Weitere wichtige Grundlagen für eine umfassende Versorgung der Schafe stellen das Tränkwasser, welches sowohl im Stall als auch auf der Weide stets zugänglich sein muss, sowie Mineral- und Salzlecksteine dar. Letztere platziert man auf der Weide am besten in einem Unterstand, damit sie durch Regengüsse nicht abgewaschen werden.

Der Gesamtnährstoffbedarf, den ein Schaf hat, unterteilt sich in Erhaltungs- und Leistungsbedarf. Der Erhaltungsbedarf stellt die Menge aufgenommener Nahrungsenergie dar, die notwendig ist, um alle lebensnotwendigen Stoffwechselvorgänge aufrecht zu erhalten. Der über den Erhaltungsbedarf hinausgehende Leistungsbedarf beinhaltet die Energie, die die Schafe zum Wachsen, also zum Aufbau von Eiweiß, Fett und Knochensubstanz, sowie zur Bildung von Milch brauchen. Um die Nährwerte von unterschiedlichen Futtermitteln vergleichen zu können, wurde deren Trockensubstanzgehalt als Grundlage genommen. Letzterer wird in Prozent angegeben und stellt die Menge an festen Stoffen dar, die zurückbleibt, wenn man aus dem Frischfutter das gesamte Wasser extrahiert. So beträgt bspw. die Trockenmasse von einem Kilogramm Futterrüben 15 % bzw. 150 g. Die restlichen 85 % (850 g) sind Wasser.

In Abhängigkeit von der Rasse, dem Gewicht und der Leistung schwankt die Futtermenge, die ein erwachsenes Schaf täglich benötigt, zwischen 0,7 und 3 kg Trockensubstanz. Das entspricht etwa 4–15 Kilogramm frischem Weidefutter. In der Tabelle auf Seite 20 sind einige Empfehlungen zum Futterbedarf, inklusive der darin enthaltenen Energie (E in MJ = Megajoule) sowie des erforderlichen Rohproteingehaltes (RP in g), für Schafe in unterschiedlichen Trächtigkeitsstadien bzw. für lämmerführende Schafe gegeben.

An zwei konkreten Beispielen soll erläutert werden, wie sich mit Hilfe dieser Tabellenwerte Rationen berechnen lassen. (Bei derartigen Berechnungen ist es üblich, in geringem Umfang auf- oder abzurunden.)

Das frische Grünfutter im zeitigen Frühjahr weist einen besonders hohen Eiweiß- und gleichzeitig einen geringen Rohfasergehalt auf.

Trächtigkeitsstatus	Futteraufnahme Trockensubstanz	Gewicht: 50 kg E in MJ	Gewicht: 50 kg RP in g	Gewicht: 60 kg E in MJ	Gewicht: 60 kg RP in g	Gewicht: 80 kg E in MJ	Gewicht: 80 kg RP in g
nicht trächtig	1–1,5 kg	9	60	10,5	80	11,5	90
niedertragend	1,5–1,8 kg	9	95	10,5	115	11,5	125
hochtragend	1,5–1,8 kg	12,5	125	14	145	16	155
Mutter, die ein Sauglamm führt	1,7–2,0 kg	16	195	18	220	19	230
Mutter, die zwei Sauglämmer führt	1,9–2,3 kg	22	350	25	360	27	370

Futtermittel	Trockenmassegehalt pro kg Frischfutter	Rohfasergehalt in g	Rohproteingehalt in g	Energie in MJ
	Angaben pro Kilogramm Trockensubstanz			
Junges Gras-Kräuter-Leguminosen-Gemisch	180	229	145	10,8
etwas älteres Gras-Kräuter-Leguminosen-Gemisch	185	247	139	10,5
Junge Luzerne	170	231	165	9,7
Futterrüben	150	64	149	12
hochwertiges Wiesenheu	860	297	116	8,8
Getreidestroh	860	440	80	6,7
Gequetschte Haferkörner	880	116	130	11,5
Sojabohnen-Schrot	860	67	510	13,8

1. Beispiel: 1 Schaf, nicht tragend, 50 kg Lebendgewicht
Futterbedarf 1 kg TS; darin müssen mindestens 60 g RP und 9 MJ Energie enthalten sein.

Bei Haltung auf einer Weide mit einem Gras-Kräuter-Leguminosen-Gemisch hat dieses Schaf einen täglichen Frischfutterbedarf von etwa 5,5 kg, der sich folgendermaßen berechnet:

$$\frac{100\ \%\ \text{x}\ 1\ \text{kg TS}}{18\ \%\ \text{Trockensubstanzgehalt des Gras-Kräuter-Klee-Gemisches}} = 5{,}5\ \text{kg Frischmasse}$$

Rohprotein- und Energiebedarf sind erfüllt, weil die Werte mit 145 g RP bzw. 10,8 MJ Energie in 1 kg TS des Gras-Kräuter-Leguminosen-Gemisches deutlich höher liegen als notwendig.

2. Beispiel: 1 Mutterschaf, zwei Sauglämmer führend, 70 kg Lebendgewicht
Futterbedarf 2,1 kg TS, darin müssen mindestens 360 g RP und 25 MJ Energie enthalten sein.

Bei der ausschließlichen Aufnahme eines Gras-Kräuter-Leguminosen-Gemischs kann dieses Schaf weder seinen Rohprotein- noch seinen Energiebedarf komplett decken.
Der Eiweißbedarf wäre in diesem Fall mit rund 55 g unterschritten, denn
2,1 kg aufgenommene TS x 145 g Rohprotein pro kg Gras-Kräuter-Klee-Gemisch ergeben nur 305 g Rohprotein.
Ähnlich verhält es sich mit der Energiemenge, weil 2,1 kg aufgenommene TS x 10,8 MJ Energie pro kg Gras-Kräuter-Klee-Gemisch nur 22,7 MJ Energie ergeben, es fehlen also 2,3 MJ Energie.
Um den Rohprotein- und Rohproteinmangel auszugleichen, kann man diesem Schaf täglich 800 Gramm Sojaschrot zufüttern, wobei es gleichzeitig eine etwas geringere Menge des Gras-Kräuter-Klee-Gemisches aufnimmt.
Ob diese Sojaschrotmenge ausreichend ist, lässt sich rechnerisch nachprüfen. Dazu ermittelt man in einem ersten Schritt die Trockensubstanzmenge von 800 g Sojaschrot.

0,8 kg Sojaschrot x 0,86 Trockenmassegehalt pro kg Frischfutter = 0,688 kg TS.

Anschließend subtrahiert man diesen Wert von den 2,1 kg TS Tagesfutterbedarf und erhält 1,41 kg TS. Somit beträgt die Frischmasse des Gras-Kräuter-Klee-Gemisches, die das Schaf täglich frisst 7,85 kg. Berechnet wie folgt:

$$\frac{100\ \%\ \text{x}\ 1,41\ \text{kg TS}}{18\ \%\ \text{Trockensubstanzgehalt des Gras-Kräuter-Klee-Gemisches}} = 7,85\ \text{kg Frischmasse}$$

Nun ermittelt man, wie viel Energie und Rohproteine in dem 7,85 kg Gras-Kräuter-Klee-Gemisches enthalten sind:

1,41 kg TS x 145 g RP pro Kg TS Gras-Kräuter-Klee-Gemisch = 204 g Rohprotein.

1,41 kg TS x 10,8 MJ pro Kg TS Gras-Kräuter-Klee-Gemisch = 15,3 MJ Energie.

Im nächsten Schritt werden die in den 0,688 kg TS Sojaschrot vorhandenen Rohprotein- und Energiemengen berechnet.

0,688 kg TS Sojaschrot x 510 g Proteingehalt = 350 g Rohprotein.
0,688 kg TS Sojaschrot x 13,8 MJ = 9,5 MJ Rohprotein.

Fortsetzung auf S. 22

Danach addiert man beide Werte mit den Rohprotein- bzw. den Energiemengen, die in den 7,85 kg Gras-Kräuter-Klee-Gemisch enthalten sind, und kontrolliert, ob die Summen dem Tagesbedarf entsprechen.

Kontrolle des Rohproteinbedarfs von 360 g:
350 g im 800 g Sojaschrot + 204 g im Gras-Kräuter-Klee-Gemisch = 554 g.
Der Rohproteinbedarf ist also ausreichend abgesichert.

Kontrolle des Energiebedarf von 25 MJ:
9,5 MJ in 800 g Sojaschrot + 15,3 MJ in 7,85 kg Gras-Kräuter-Klee-Gemisch = 24,8 MJ.
Damit kann der tägliche Energiebedarf ebenfalls als knapp gesichert angesehen werden.

Schafstall und Weide

Im Wesentlichen lassen sich zwei Formen der Schafhaltung unterscheiden, und zwar die ganzjährige und die saisonale. Bei der letztgenannten Form werden zumeist Ende April/Anfang Mai Absatzlämmer (das sind von der Mutter entwöhnte Lämmer, die also keine Milch für eine normale weitere Körperentwicklung mehr benötigen) gekauft und bis Mitte/Ende Oktober ununterbrochen auf Weiden gehalten. Anschließend erfolgt der Verkauf oder die Schlachtung dieser Tiere, die sich inzwischen zu Jungschafen entwickelt haben. Die wesentlichen Vorteile dieser Haltungsform bestehen darin, dass weder ein massiver Winterstall noch ein Winterfuttervorrat benötigt werden. Außerdem hat man in der kalten Jahreszeit keine Arbeit mit den Tieren. Nachteilig ist, dass man die Tiere nicht als einen eigenen Bestand vermehren kann und deshalb jedes Jahr neue Anschaffungskosten entstehen.

Aber unabhängig davon, ob man sich für eine ganzjährige oder saisonale Haltung entscheidet, sollte zuvor ausgerechnet werden, wie vielen Tieren das vorhandene Weideland ausreichend Futter bietet. „Fette" Weiden liefern zumeist 400–550 dt/ha Grünfutter.

Bei der saisonalen Haltung von Absetzern schwerer Rassen hat es sich bewährt, pro Tier mindestens eine Grünlandfläche von 500–600 m² zu veranschlagen. Bei der Haltung von Absetzern kleinerer Rassen, bspw. von den auch als Minischafe bezeichneten Ouessants, genügen bereits 350–400 m² Fläche pro Tier.

Diese Streuobstwiese repräsentiert eine „fette" Weide.

Es ist sinnvoll, Bäume auf der Weide durch eine Ummantelung zu schützen.

Hält man ganzjährig Schafe und muss auf den vorhandenen Weideflächen noch Heu machen, so sind die für Absetzer angegebenen Werte mindestens mit 3–3,5 zu multiplizieren. Das ist darin begründet, dass dann daneben mehrere erwachsene Schafe vorhanden sind, die auch mehr Futter benötigen.

Um die Grünflächen sowohl optimal nutzen als auch pflegen zu können, empfiehlt sich die so genannte Umtriebsweide. Dabei werden die Weiden mittels versetzbarer Zäune in Parzellen unterteilt. Deren Bewirtschaftung sollte vorzugsweise nach dem Prinzip „Kurze Besatz- und lange Ruhezeiten" erfolgen. Das bedeutet, die Schafe dürfen im Frühjahr höchstens 3–5 und im Sommer nicht länger als 7 Tage auf einer Parzelle stehen. Danach werden die Tiere auf die nächste Parzelle umgetrieben. In der sich anschließenden, mindestens 2–3-wöchigen Ruhezeit kann sich der Aufwuchs auf den Weiden regenerieren. Falls junge Obst- oder andere Baumarten auf den Weideflächen stehen, ist es ratsam, diese mit einer Ummantelung aus Brettern oder mit einem Maschendrahtgeflecht zu umgeben und so vor einem Anknabbern der Rinde durch die Schafe zu schützen.

In früheren Zeiten wurden Schafe oft getüdert, um ein Niedertreten und Verschmutzen des Aufwuchses durch die abgesetzten Exkremente zu reduzieren. Zu diesem Zweck legte man den Tieren eine mehr oder weniger lange Kette bzw. Leine um den Hals und befestigte diese an einem in die Erde geschlagenen Holzpfahl oder Metallstab. Dadurch wurde aber nicht nur der Aktionsradius der Tiere erheblich eingeschränkt, sondern auch der direkte Kontakt zu ihren Artgenossen unterbunden. Außerdem war es getüderten Schafen nicht möglich, an heißen Sommertagen oder bei starken Regenfällen in den schützenden Unterstand bzw. in den Stall zu laufen und ihr angeborenes Fluchtverhalten artgerecht auszuleben.

Das gilt es auf der Herbstweide zu beachten!
Im Herbst sollte man Schafe nicht länger unter Eichen und Rosskastanienbäume weiden lassen, weil mitunter einzelne oder sogar alle Tiere einen regelrechten Heißhunger auf die reifen Früchte dieser Baumarten entwickeln. In kleinen Mengen gefressen, schaden Eicheln und/oder Kastanien den Schafen nicht, sondern fungieren eher als ein Kraftfutterersatz. Reichlich aufgenommen, können sich hingegen Probleme einstellen. Die Eicheln enthalten nämlich sehr viel Gerbsäure, die in größeren Mengen oder durch kontinuierliche Aufnahme oftmals Vergiftungserscheinungen bei den Schafen verursacht, welche im Extremfall sogar tödlich enden können.

In den Rosskastanien sind mit den so genannten Saponinen ebenfalls für die Schafe schädliche Stoffe vorhanden. Diese entwickeln nicht nur eine direkte schädigende Wirkung bei Schafen, welche die Kastanien fressen, sondern beeinflussen indirekt auch die Nahrung bei spät im Jahr geborenen Lämmern. Die Saponine bewirken nämlich, dass die Milch einen bitteren Geschmack bekommt und deshalb die Lämmer das mütterliche Euter nicht nur deutlich widerwilliger aufsuchen, sondern auch weniger Milch daraus saugen.

Anders verhält es sich, wenn die Schafe Edel- oder Esskastanien fressen. Diese auch als Maronen bezeichneten Früchte verursachen keine schädigenden Wirkungen. Allerdings stellen Maronen, genau wie Eicheln und Rosskastanien, eine sehr kalorienreiche Nahrung dar und begünstigen somit den Fettansatz.

Noch ein abschließender Hinweis: Falls der Aufwuchs auf den herbstlichen Weideflächen nicht mehr zur völligen Sättigung der Tiere ausreicht, bietet man in einer Raufe Heu und eventuell auch Möhren oder Rüben als Zufütterung an.

Obwohl es sogar einige Schafrassen gibt, die man ganzjährig im Freien halten kann, ist es trotzdem besser, wenn auch diese Tiere den größten Teil des Winters in einem massiven, gut gelüfteten, jedoch Zugluft freien Stallgebäude verbringen können.

Dabei hat es sich bewährt, die Schafe an Tagen mit milder Witterung gelegentlich ins Freie zu lassen, damit ihr Kreislauf durch die intensivere Bewegung wieder richtig in „Schwung" kommt.

Im Stall sollte für jedes erwachsene Schaf eine Mindestgrundfläche von 3 m^2 und für ein Jungtier 2 m^2 zur Verfügung stehen. Der Boden des Stalls wird mit einer dicken Strohschicht bedeckt, deren oberste Lage stets trocken sein muss. In früheren Zeiten war es oft üblich, über mehrere Jahre hinweg auf den bereits im Stall vorhandenen Mist eine neue Lage Stroh zu verteilen. Derartige Praktiken sollten der Vergangenheit angehören. Aus alten, dicken Mistlagen treten nämlich große Mengen Ammo-

Formschöne Futterraufe auf einer Schafweide

Schafstall

niak aus, die weder für die Gesundheit noch für das Wohlbefinden der Schafe zuträglich sind. Um den Ammoniakaustritt zu verringern, hat sich zumindest eine Teilentmistung des Stalles bewährt, die in mindestens monatlichen Intervallen erfolgen sollte. Der beim Entmisten des Stalles anfallende Dung eignet sich hervorragend zum Untergraben im Gemüse- und/oder Kräutergarten, um anschließend auf den mit Nährstoffen angereicherten Beeten bspw. Gurken und/oder Liebstöckel anzubauen. Ebenso ist es möglich, kleine Mengen des Stallmistes mit kompostierfähigen Materialien zu vermischen und diese zur schnelleren Verrottung in einen Komposter zu geben.

Ungeachtet der Tatsache, dass Schafe auch Minusgrade vertragen, ohne dass gesundheitliche Schäden eintreten, sollten die Vorzugstemperaturen in einem Schafstall zwischen 0–20 °C betragen. Sinkt hingegen die Stalltemperatur über längere Zeit unter den Nullpunkt ab, wird dadurch die Gewichtszunahme negativ beeinflusst. Bei länger anhaltenden Minusgraden fressen die Schafe zwar mehr, aber ein Großteil des aufgenommenen Futters wird dann nicht in Gewichtszuwachs oder Milch umgewandelt, sondern als Energie für die Regulierung des körpereigenen Wärmehaushaltes benötigt. Ebenso wirken sich zu hohe Stalltemperaturen nachteilig auf das Fressverhalten der Schafe aus, weil die Schafe dann weniger Futter pro Zeiteinheit aufnehmen.

Bei milder Winterwitterung sollte man die Schafe zeitweilig ins Freie lassen.

Zu dem unbedingt notwendigen Stallinventar gehören eine Futterraufe und ein Tränkbecken oder -trog. Außerdem sollten ein paar kleine-

Die so genannte einseitige V-Raufe mit Nackenbrett und Futtertrog.

Die Wasserversorgung im Stall erfolgt vorzugsweise über in der Höhe verstellbare Tränkebecken.

re, aus Lattenhölzern zusammengebaute Gitter vorhanden sein, die man bei Bedarf mit Seilen zusammenbinden kann, um so einen Teil des Stalls für gebärende oder kranke Schafe absperren zu können.

Des Weiteren ist es ratsam, die Innenwände des Stalls alle 2–4 Jahre mit einem frischen Kalkanstrich zu versehen. Kalk wirkt keimtötend und fördert somit die Gesundheit der Tiere.

Vermehrung und Nachwuchs

Im Rahmen der Vermehrung ist das häufige Verpaaren von Tieren, die sehr eng miteinander verwandt sind, unbedingt zu vermeiden. Ansonsten kann es schnell passieren, dass so genannte Inzuchtdepressionen auftreten, die sich vor allem in Minderleistungen der Tiere äußern. Um dem entgegenzuwirken, kann man entweder den Zuchtbock des eigenen Bestands regelmäßig austauschen oder die brünstigen Mutterschafe zum Decken „außer Haus" geben.

Bei Schafen unterscheidet man zwischen saisonal und asaisonal brünstig werdenden Rassen. Unter der saisonalen Brunst, die besonders für ursprüngliche Rassen, wie etwa Soay-Schafe typisch ist, versteht man eine zeitlich begrenzte Paarungsbereitschaft der Muttern. Diese Paarungsbereitschaft konzentriert sich zumeist auf den Zeitraum von September bis Dezember. Ein asaisonales Brunstverhalten ist vor allen für die Hochleistungsrassen charakteristisch und kann während des gesamten Jahres auftreten. Allerdings ist auch bei diesen Rassen die stärkste Brunstintensität bei einer schnellen Abnahme der Tageslichtlänge, also in den Herbstmonaten, zu verzeichnen. Es treten dann in Intervallen von durchschnittlich 17 Ta-

Flehmender Schafbock

Während ihrer ersten zwei Lebenswochen ernähren sich die Lämmer ausschließlich von Milch.

gen die typischen Brunstanzeichen auf. Diese äußern sich darin, dass die Muttern zunehmend unruhiger und geräuschempfindlicher werden. Außerdem suchen sie verstärkt die Nähe des Bocks. Ihre Scham rötet sich und sie lassen sich vom Bock immer wieder im Genitalbereich beschnuppern. Dabei flehmt der Bock häufig, indem er seine Oberlippe weit nach oben stülpt, um ganz intensiv den Duft der brünstigen Weibchen einzusaugen.

Schließlich beginnt er, das brünstige Schaf vor sich herzutreiben bis dieses stehenbleibt. Der Bock springt dann auf und vollzieht den eigentlichen Paarungsakt.

In der Folgezeit schwächen sich die Brunstsymptome bei dem gedeckten Schaf rasch ab und sind nach 2 Tagen gänzlich verschwunden.

Die Trächtigkeitsdauer beläuft sich bei Schafen auf durchschnittlich 150 Tage. Danach werden zumeist 1–3 Lämmer geboren, die den so genannten Nestflüchtertyp verkörpern. Bereits wenige Minuten nach der Geburt stehen sie auf und laufen bald der Mutter nach. Für die Lämmer ist es enorm wichtig, dass sie möglichst schnell an das mütterliche Euter gelangen, um die auch als Kolostrum bezeichnete Biestmilch aufzunehmen. Diese enthält viele Vitamine, Mineralstoffe, Fette, Eiweiße und vor allem Immunglobuline, die für die Ausbildung der individuellen Widerstandskraft der Lämmer von außerordentlicher Bedeutung sind.

Während ihrer ersten zwei Lebenswochen ernähren sich die Lämmer ausschließlich von der Muttermilch. Danach beginnen sie allmählich, auch feste Nahrungsbestandteile aufzunehmen. Nach anderthalb Monaten sollten die Lämmer größerer Rassen etwa 16 kg (bei leichteren Rassen 2–4 kg weniger) wiegen. Die Entwicklung des Verdauungstraktes ist zu diesem Zeitpunkt so weit fortgeschritten, dass sich die Lämmer ausschließlich von festem Futter ernähren können und deshalb die als Absetzen bezeichnete Trennung von der Mutter schon problemlos möglich ist.

Schafpflege

Die praktische Schafpflege beginnt bereits damit, dass man sämtliche Tiere jeden Tag einmal kurz, aber genau kontrolliert, ob sie irgendwelche sichtbaren Krankheitsanzeichen aufweisen und/oder sich abnorm verhalten.

Einmal pro Woche sollte eine Kontrolle auf Außenparasiten, wie Haarlinge, Läuse und Räudemilben erfolgen. Dabei ist es sinnvoll, an einigen Körperstellen das Wollvlies bzw. das Fell so weit zur Seite zu streichen, dass die Haut der Tiere gut sichtbar wird. Wird man fündig, muss nicht nur eine Behandlung (in der Regel aller Tiere) mit einem äußerlich anwendbaren Medikament erfolgen, sondern es ist auch eine gründliche Reinigung des Stalls/Weideunterstandes inklusive aller darin vorhandenen Ausstattungsgegenstände ratsam.

Bei Schafen, die ein dichtes langes Wollvlies tragen, sollte mindestens einmal pro Jahr, falls es die Witterung erlaubt am besten zwischen Ende April und Anfang Mai, eine Schur erfolgen.

Beim Schafscheren

Dabei hat es sich bewährt, den Tieren etwa 6 Stunden vor der Schur kein Futter mehr zu geben, weil sie sich mit einem stark gefüllten Pansen unruhiger verhalten und dadurch dem Schafscherer die Arbeit erschweren.

Wenn keine weitere Person zur Verfügung steht, die die Schafe während der Schur festhält, kann man die Tiere auch auf ihr Hinterteil in eine Ecke setzen, denn in dieser Position sind die Tiere völlig bewegungsunfähig. Ansonsten empfiehlt sich die australisch-neuseeländische Schermethode. Dabei werden die Schafe mit der rechten Körperseite auf den Boden gelegt und durch einen Helfer fixiert. Die eigentliche Schur beginnt am Bauch. Anschließend wird die Wolle am Hinterbein, Schwanz, Hals, Vorderbein, Flanke und zum Schluss am Rücken abgeschnitten. Danach rollt man das Tier auf die andere Körperseite und führt die Schur in der gleichen Reihenfolge wie bereits beschrieben durch.

Wollschafe, die ungeschoren in den Sommer gehen, fühlen sich vor allem bei extrem hohen Temperaturen sehr unwohl, weil durch ihr dichtes Vlies keine ausreichende Abgabe der überschüssigen Körperwärme möglich ist. Oft nehmen solche Tiere weniger Nahrung auf und bei Milchschafen verringert sich die Milchmenge.

Die an den Enden der Beine befindlichen Klauen bestehen unter anderem aus einer Sohlenlederhaut, die von einer Hornkapsel umgeben ist. Letztere bezeichnet man auch als Klauenhorn. Ein längs verlaufender Klauenspalt teilt die Klauen in zwei Hälften. Dieser Spalt stellt einen Bereich dar, in dem sich leicht Schmutz ablagert und Fremdkörper, wie z. B. Steine, eingetreten werden. Außerdem stellen auch die Klauenränder äußerst sensible Bereiche dar, die einer regelmäßigen Kontrolle bedürfen. Insbesondere bei Tieren, die sich wenig bzw. vorwiegend auf sehr weichem Untergrund bewegen, nutzen sich die Klauenränder kaum ab. Als Folgeerscheinung biegen sich diese oft um oder wachsen nach innen, wodurch eine Doppelsohle mit mehr oder weniger großen Hohlräumen entsteht. In derartigen Hohlräumen siedeln sich häufig Bakterien an, die Krankheiten, wie etwa die Moderhinke, auslösen. Um das zu verhindern, muss mindestens alle zwei Monate eine gründliche Kontrolle und gegebenenfalls ein Ausschneiden der Klauen erfolgen. Wer noch nie Klauen ausgeschnitten hat, sollte dies von einem Fachmann (bspw. einem Schäfer oder einem professionellen Klauenschneider) durchführen oder sich zumindest die dafür notwendigen Arbeitschritte einmal ganz genau zeigen lassen.

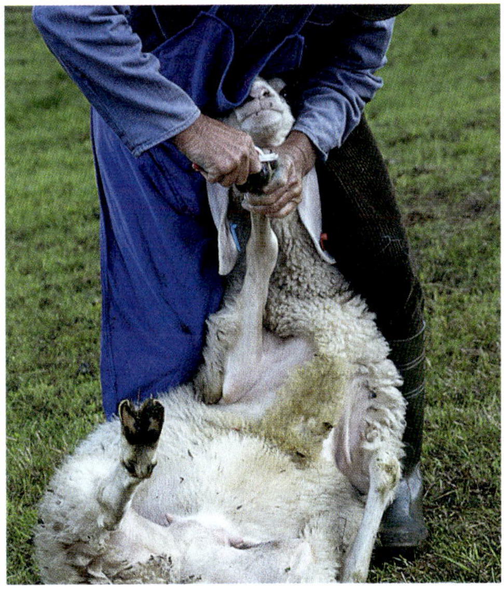

Auch auf der Weide sollten die Klauen regelmäßig kontrolliert und bei Bedarf nachgeschnitten werden.

Erzeugnisse von Schafen

Zusammen mit der Wolle und den Fellen, die gegerbt werden, stellen Fleisch und Milch die wichtigsten Erzeugnisse dar, die sich von Schafen gewinnen lassen.

Wurde ein Schaf primär zur Gewinnung des Fleisches geschlachtet, empfiehlt es sich, den ausgenommenen Schlachtkörper (ganz oder in Teilstücke zerlegt) 3–4 Tage zur Reifung in einem sauberen Raum aufzuhängen. In diesem Raum müssen die Temperaturen etwa 4–6 °C betragen und außerdem darf er keinen wahrnehmbaren Eigengeruch aufweisen. Während des Reifungsprozesses bildet das Fleisch sein volles Aroma aus und nimmt gleichzeitig an Zartheit zu.

Schaf- und Lammfleisch lässt sich außer zu traditionellen Braten noch zu einer Vielzahl weiterer, sehr schmackhafter Speisen verarbeiten, wie etwa zu gefüllter Lammbrust oder Irish Stew. Darüber hinaus eignen sich dünne Fleischscheiben und Rippchen, welche zuvor bspw. in einer würzigen Biermarinade eingelegt wurden, hervorragend zum Grillen.

Nicht minder lecker sind verschiedene Wurstspezialitäten, wie etwa die Schafsalami und der -schinken, deren Herstellung zumeist durch einen Metzger erfolgt. Um die Kosten für die Wurstherstellung zu verringern, hat es sich bewährt, von einem Metzger gleich 2 oder 3 Schafe schlachten und anschließend verarbeiten zu lassen.

Während sich noch vor ein paar Jahrzehnten Schafmilch und die daraus hergestellten Produkte nur in den Mittelmeerländern und in Südosteuropa einer größeren Beliebtheit erfreuten, hat sich inzwischen das Verbraucherinteresse

Lammfleisch, küchenfertig zubereitet

Schaffell

auch in Mitteleuropa stark gewandelt. Im Rahmen einer gesunden Ernährung, die von immer mehr Menschen praktiziert wird, ist nun auch in unseren Breiten eine gestiegene Nachfrage für diese Erzeugnisse vorhanden. In diesem Zusammenhang sei auch auf die folgende Tabelle verwiesen. Aus dieser geht hervor, dass Schafmilch in der Summe der Inhaltsstoffe sowohl der Kuhals auch der Ziegenmilch überlegen ist.

Ø Menge an Inhaltsstoff in g/pro 100 ml	Schafmilch	Ziegenmilch	Kuhmilch
Milchfettgehalt	6,8	3,2	4,0
Milcheiweiß	5,7	2,8	3,7
Milchzucker	4,8	4,2	4,8

Falls man beabsichtigt, für den Eigenbedarf Käse aus Schafmilch herzustellen, sind dafür verschiedene Utensilien, angefangen von Melkeimern über Käseformen bis hin zu entsprechenden Räumlichkeiten, erforderlich. Ein derartiges Vorhaben wird aus ökonomischer Sicht aber erst rentabel, wenn man mindestens 4–5 zu melkende Schafe besitzt. Außerdem muss man zuvor die Technik des Melkens erlernen. Diese sieht beim Zuschauen recht leicht aus, sodass viele Menschen deshalb glauben, dass es genügt, einfach an den Zitzen zu ziehen, damit Milch herauskommt. Aber ganz so einfach funktioniert das Melken dann doch nicht. Statt an den Zitzen erfolglos herumzuziehen, müssen diese zunächst mit Daumen und Zeigefinger am oberen Euteransatz (nicht zu derb) abgedrückt werden. Danach erfolgt ein sich nach unten fortsetzendes Umgreifen der Zitzen mit Mittel-, Ring- sowie kleinem Finger, wodurch man die Milch strahlartig herauspresst. Anschließend umgreift man erneut die Zitze am Euteransatz

Vor dem Melken werden die Zitzen mit einem feuchten Tuch gereinigt.

und verfährt, wie beschrieben, weiter. Die gemolkene Milch sollte aus hygienischen Gründen immer in einem sauberen Eimer aufgefangen werden, welcher entweder emailliert ist oder aus Plastik besteht. Dagegen ist ein Metalleimer unzweckmäßig, weil viele Metalle schnell chemische Verbindungen mit der Milch eingehen. Nach dem Melken verarbeitet man die Milch möglichst schnell weiter oder nutzt sie als Frischtrunk. Wer Rezepte und eine ausführliche Beschreibung zur Käseherstellung sucht, wird unter anderem im Internet fündig.

Kurzportraits einiger Schafrassen

In der Tierzucht versteht man unter einer Rasse verschiedene Formen einer Nutztierart, die sich in ihrem Phänotyp und darüber hinaus auch oft in ihren Leistungsparametern unterscheiden. Nachfolgend werden einige interessante Schafrassen im Kurzportrait vorgestellt:

Braunes Bergschaf

Brunstverhalten: asaisonal
Gewicht Böcke: 100–120 kg
Gewicht Muttern: 80–85 kg
Anzahl Lämmer pro Geburt: Ø 1,3–1,5

Typisch sind bei dieser Rasse die großen Hängeohren und die Ramsnase. Es handelt sich um trittsichere Tiere mit harten festen Klauen, die sich für Gegenden mit rauem Klima und hohen Niederschlägen gut eignen. Hervorzuheben sind die ausgezeichneten Muttereigenschaften und die Fleischbetontheit dieser Schafe. Neben den Braunen gibt es auch noch Weiße Bergschafe.

Braune Bergschafe

Texelschaf

Brunstverhalten: asaisonal
Gewicht Böcke: 120–145 kg
Gewicht Muttern: 70–100 kg
Anzahl Lämmer pro Geburt: Ø 1,4–1,6

Sehr großrahmige Schafe mit vorzüglicher Bemuskelung. Rassetypisch ist der kurze Hals. In den letzten Jahrzehnten gelang es auch, die in früheren Zeiten gefürchtete Schwerlammigkeit beim Texel weitgehend wegzuzüchten. Texel sind sehr robust und besitzen eine große Widerstandfähigkeit gegenüber Krankheiten.

Texelbock

Graue Gehörnte Heidschnucke

Brunstverhalten: saisonal
Gewicht Böcke: 70–90 kg
Gewicht Muttern: 45–55 kg
Anzahl Lämmer pro Geburt: Ø 1–1,2

Heidschnuckenbock

Graue Gehörnte Heidschnucken erreichen spät die Geschlechtsreife, weshalb die Muttern erst im Alter von 18 Monaten gedeckt werden sollten. Diese Rasse lässt sich auf dauerfeuchten Standorten halten, ohne dass Klauenerkrankungen auftreten. Heidschnucken sind dankbare Futterwerter, die sogar Heidekraut fressen und Birken sowie Heidelbeersträucher verbeißen. Ihr Fleisch ist fettarm, zart und schmeckt wildbretähnlich.

Jakobschaf

Brunstverhalten: asaisonal
Gewicht Böcke: 55–85 kg
Gewicht Muttern: 35–60 kg
Anzahl Lämmer pro Geburt: Ø 1,1–1,3

Beim Jakobschaf handelt es sich um eine der ältesten Rassen, deren Vorfahren wahrscheinlich schon vor mehr als 4.000 Jahren gehalten wurden. Das markanteste Merkmal dieser Rasse besteht darin, dass sowohl viele männliche als auch weibliche Tiere vier oder gar sechs Hörner ausbilden. Diese sind bei den Böcken sehr groß und verleihen ihren Trägern ein äußerst imposantes Aussehen.

Jakobschafbock (oben) und weibliche Jakobschafe (unten)

Kärntner Brillenschaf

Brunstverhalten: asaisonal
Gewicht Böcke: 75–90 kg
Gewicht Muttern: 55–70 kg
Anzahl Lämmer pro Geburt: Ø 1,3–1,4

Es handelt sich um ein kräftiges, mittelgroßes, weißes Schaf mit Ramsnase und dunklen Flecken (Brillen) um die Augen. Diese Schafe sind trittsicher, besitzen feste Klauen und eignen sich sehr gut zur Haltung in Hochgebirgslagen. Als rassetypisch gelten die ausgezeichneten Muttereigenschaften sowie die große Futtergenügsamkeit.

Kärntner Brillenschaf

Kamerunschaf

Brunstverhalten: asaisonal
Gewicht Böcke: 40–50 kg
Gewicht Muttern: 30–40 kg
Anzahl Lämmer pro Geburt: Ø 1,5–1,7

Über die Kameruner wird des Öfteren gesagt, dass sie Schafe sind, die wie Ziegen aussehen und wie Wildbret schmecken. Was auch stimmt. Am häufigsten kommen Tiere vor, die an der Rücken- und Bauchregion eine rötlich- bis kastanienbraune Färbung aufweisen, während Bauch, Beine, Kinn sowie Teile des Kopfes lackschwarz sind. Die sehr ähnlichen Barbados-Schafe sind etwas größer und haben Hängeohren.

Kamerunbock (oben)
Kamerunschafe (unten)

Merinoschaf

Brunstverhalten: asaisonal
Gewicht Böcke: 120–140 kg
Gewicht Muttern: 80–90 kg
Anzahl Lämmer pro Geburt: Ø 1,3–1,4

Es handelt sich bei den Merinos um mittel- bis großrahmige Schafe, bei denen beide Geschlechter hornlos sind. Ihre Körper sowie das dichte, sehr feinwollige Vlies zeigen eine weißliche bis hellgelbgraue Färbung. Die Rasse zeichnet sich durch hervorragende Marscheigenschaften, eine große Robustheit und Widerstandsfähigkeit gegen Krankheiten aus. Man kann Merinos als Prototyp des Hochleistungsschafes ansehen.

Merinoschaf

Schwarzköpfiges Fleischschaf

Brunstverhalten: asaisonal
Gewicht Böcke: 100–140 kg
Gewicht Muttern: 70–90 kg
Anzahl Lämmer pro Geburt: Ø 1,4–1,6

Sehr muskulöse Rasse mit hervorragendem Fleischansatz. Allerdings neigen diese Tiere bei üppigen Kraftfutterrationen schnell zur Verfettung. Viele Halter schätzen diese Schafe wegen ihres gutmütigen, ausgeglichenen Charakters. Hervorzuheben ist die Frohwüchsigkeit. Ab einem Alter von 100 Lebenstagen sind tägliche Zuwachsleistungen von mehr als 300 g keine Seltenheit.

Schwarzköpfiges Fleischschaf

Tiroler Steinschaf

Brunstverhalten: asaisonal
Gewicht Böcke: 80–100 kg
Gewicht Muttern: 75–80 kg
Anzahl Lämmer pro Geburt: Ø 1,4–1,5

Mittelgroße, sehr kräftige und robuste Rasse. Es gibt Farbschläge mit weißen, grauen und schwarzen Köpfen. Hochgebirgstaugliche Rasse mit sicherem Tritt, hervorragender Futterverwertung und guten Muttereigenschaften. Die Tiere liefern viel Fleisch mit geringem Fettanteil, das sehr wohlschmeckend ist.

Tiroler Steinschaf

(Ungarisches) Zackelschaf

Brunstverhalten: saisonal
Gewicht Böcke: 55–65 kg
Gewicht Muttern: 40–45 kg
Anzahl Lämmer pro Geburt: Ø 1,1–1,2

Diese Schafe werden auch als Racka oder Hortobagyer Zackelschaf bezeichnet. Das markanteste Merkmal sind die bei beiden Geschlechtern ausgebildeten, gedrehten Hörner, die ein wenig denen von Antilopen ähneln. Zackelschafe weisen eine hohe Resistenz gegenüber Klauenerkrankungen auf und zeichnen sich durch Robustheit, Genügsamkeit und gute Futterverwertung aus. Ein Nachteil besteht im relativ langsamen Wachstum und der damit in Verbindung stehenden Zuchtreife. Deshalb können viele Muttern erst im Alter von 16–18 Monaten erstmals gedeckt werden.

(Ungarisches) Zackelschaf

Ziegen

Genauso alt wie das Schaf

Wie bereits bei der Entstehungsgesichte des Schafes kurz erwähnt, erfolgte die Domestikation der Ziege nicht nur in derselben geografischen Region, sondern auch zur selben Zeit. Die Stammform aller Hausziegenrasse ist die Bezoarziege (*Capra aegagrus*), die noch heute in einigen Gebieten Asiens und Arabiens vorkommt. Ähnlich wie die Stammform des Schafs leben auch die Bezoarziegen in kleinen Herden zusammen.

Erwachsene weibliche Exemplare der Hausziege werden als Geiß (regional auch Gaiß, Goiß oder Goaß), Ziege, Hippe, Heppe, Zibbe oder seltener als Zicke bezeichnet. Die Jungtiere nennt man Lamm, Zicklein

Stattlicher Bulgarischer Schraubenziegenbock

Ziegen möchten am liebsten gemeinsam mit Artgenossen gehalten werden

oder Kitz und die ausgewachsenen, zeugungsfähigen männlichen Exemplare Bock.

Bei kastrierten Böcken spricht man von Mönchen. Obwohl bei den Ziegen der Herdentrieb nicht ganz so stark ausgeprägt ist wie bei den Schafen, sollte man trotzdem auch von diesen Tieren immer mindestens zwei Exemplare halten.

Fehlen dagegen Artgenossen, versuchen Hausziegen, einen Ersatz zu finden, indem sie sich bspw. einer Gruppe von Schafen anschließen. Normalerweise werden solche Anschluss suchenden Ziegen von den Schafen akzeptiert. Allerdings stellen letztere niemals einen vollkommenen Artgenossenersatz dar. Sowohl die Ziegen als auch die Schafe zeigen nämlich ein sehr breit gefächertes Repertoire an Verhaltensweisen. Viele Details dieser Repertoires werden aber von der jeweils anderen Tierart nicht oder nur unzureichend verstanden. Deshalb treten bei einer gemeinsamen Haltung auch immer wieder kleinere Missverständnisse zwischen den Tieren auf.

Für den Schafhalter dürfte es trotzdem von Interesse sein, dass Geißen, die kurz zuvor ihre Zicklein verloren haben, sehr bereitwillig Schaflämmer adoptieren, die entweder verstoßen worden oder deren Mütter bei der Geburt gestorben sind. Diese große Adoptionsbereitschaft basiert darauf, dass der Muttertrieb bei den Geißen noch sehr stark vorhanden ist und in der Folgezeit erst allmählich abklingt. In früheren Zeiten hielt man in der Alpenregion sogar vielerorts so genannte Hermgeißen, denen nach dem Absetzen des eigenen Nachwuchses ein bis zwei Schaflämmer „untergeschoben" wurden, damit diese sich durch die reichlich vorhandene Milch besonders kräftig entwickelten. Eine derartige Adoption lässt sich forcieren, indem man die Schaflämmer mit der Milch der betreffenden Ziege einreibt, weil der individuelle Geruch beim Akzeptieren des Nachwuchses eine wichtige Rolle spielt.

Gelegentlich wird eine Ziege auch mit einem einzeln gehaltenen Pferd vergesellschaft, bei dem es sich ebenfalls um ein Tier mit ausgeprägtem Herdentrieb handelt. Die Anwesenheit der Ziege bewirkt dann häufig, dass bei dem Pferd weniger Aggressionen oder Depressionen auftreten.

Nutzungstypen

Obwohl alle Hausziegenarten ursprünglich sowohl wegen ihrer Milch als auch wegen ihres Fleisches gehalten wurden, unterscheidet man inzwischen oftmals nach den primären Nutzungstypen. Letztere unterteilen sich in Woll-, Fleisch- und Milchziegenrassen. Typische Beispiele für Wollziegenrassen, deren Haltung in Mitteleuropa allerdings wenig verbreitet ist, sind die Kaschmir- sowie die Angoraziege, welche auch als Mohairziege bezeichnet wird. Die

© Bergringfoto – Fotolia.com

© Gerhard Seybert – Fotolia.com

Schwarzhalsziege (oben)

Weiße Deutsche Edelziege (rechts)

Owambo-Ziege (unten)

von diesen Tieren gewonnenen Haare besitzen einen seidigen Glanz, neigen kaum zur Verfilzung, weisen eine hohe Geschmeidigkeit auf und lassen sich hervorragend färben.

Beispiele für Milchziegenrassen sind Weiße und Bunte Deutsche Edelziegen, Tauernschecken und Thüringer Waldziegen.

Als gute Fleischrassen haben sich Walliser Schwarzhalsziegen, Owambo-Ziegen und vor allem die Burenziegen erwiesen.

Das Fleisch der Burenzeigen zeichnet sich nämlich nicht nur durch seine Schmackhaftigkeit und Zartheit aus, sondern auch durch das Fehlen des typischen Ziegengeruchs.

Burenziegenbock

Tendenz zum „Feinschmecker“

Obwohl die Ziege, genau wie das Schaf, zu den Wiederkäuern gehört, bestehen doch im Fressverhalten und den Nahrungsvorlieben einige Unterschiede. So werden die Schafe innerhalb der Wiederkäuer in die Kategorie der Raufutterfresser eingeordert. Sie verfügen nämlich über ein sehr voluminöses und gleichzeitig extrem leistungsstarkes Verdauungssystem, das sie in die Lage versetzt, fast alle genießbaren pflanzlichen Komponenten zu fressen, die ihnen vor das Maul kommen. Das Gegenteil zu den Raufutterfressen stellen die so genannten Selektierer dar, zu denen bspw. das Reh gehört. Diese Wiederkäuer verfügen über ein relativ leistungsschwaches Verdauungssystem und sind deshalb bei der Futtersuche ausgesprochen wählerisch. Als Nahrung bevorzugen die Selektierer Knospen, zarte Blätter, Blüten, saftige Kräuter und ganz junges Gras. Dagegen werden die von den Schafen gern gefressenen älteren Gräser sowie zellulosereichen Pflanzenteile nur in sehr kleinen Mengen aufgenommen.

Ziegen gehören zu den Intermediärtypen, die man bezüglich der Leistungsfähigkeit des Verdauungssystems zwischen den Raufutterfressern und den Selektierern eingeordnet hat.

Obwohl die Ziegen damit „halbe Feinschmecker“ sind, deren Vorliebe für saftige Kräuter und zarte Laubblätter unverkennbar ist, können sie trotzdem schnell zum Raufutterfresser tendieren. Bspw. fressen Ziegen, wenn nichts anderes zur Verfügung steht, recht schnell größere Mengen rohfaserreicher Nahrungskomponenten, wie etwa verholzte Zweige. Deshalb ist es auch möglich, diese Tiere ganz gezielt zur Landschaftspflege einzusetzen. Wenn man dabei den Fressdruck auf die Ziegen erhöht, indem ihnen keine neuen Weideflächen mit frischem Gras und Kräutern angeboten werden, beginnen sie sogar, dornige Sträucher, wie etwa Schlehen (*Prunus spinosa*) abzufressen.

Bei der Haltung von Ziegen hat es sich bewährt, auf den Weideflächen stehende Obst- und sonstige Bäume noch sicherer mit Brettern oder Drahtgeflechten zu ummanteln, als das für Schafe erforderlich ist. Die Baumummantelungen müssen dabei so konstruiert sein, dass sie

Ziegen sind Intermediärtypen.

keine Trittflächen für die Ziegen bieten. Letztere haben sich nämlich als hervorragende Kletterer erwiesen, die mit Vorliebe auf schräg stehende Bäume steigen (bzw. auf solche, bei denen die Äste weit unten ansetzen), um an deren Blätter und Früchte zu gelangen. Um die Blätter und Zweige zu erreichen, die sich nur 1 oder 1,5 Meter über ihren Köpfen befinden, stellen sich die Ziegen zum Fressen oftmals auf die Hinterbeine und beweisen dabei ein beachtliches Balanciergeschick.

Des Weiteren neigen die Ziegen stark dazu, die saftige Rinde von jungen Bäumen abzuschälen.

Fütterung und ziegentypisches Futter

Können Ziegen ihre Nahrung nach Belieben auswählen, besteht diese zu etwa 60 % aus zarten Laubblättern, Knospen und Blüten und zu 20 % aus frischem Gras. Den Restanteil von ebenfalls 20 % bilden saftige Kräuter, junge Zweige und weiche, abgeschälte Rindenstücke.

Bei der praktischen Ziegenhaltung lässt sich allerdings eine derartige Futterzusammensetzung (vor allen in den Wintermonaten) nicht immer realisieren. Trotzdem sollte man so oft wie möglich versuchen, den Ziegen zumindest einige junge Zweige von Weide, Birke, Hasel, Pappel, Hainbuche und Esche anzubieten. Ebenso lassen sich herausgeschnittene Zweige von Obstbäumen und -sträuchern gut als Futter nutzen. Zum Auffüllen dieser Rationen verwendet man am besten Gras, Heu, Kräuter, Leguminosen, Mohrrüben, Kohlrüben, Futterrüben, Kernobst, also Äpfel und Birnen, sowie Grünmais (Zea mais, darunter versteht man junge Maispflanzen). Zur Deckung eines hohen

Energiebedarfes, der bei manchen Tieren vorhanden ist, kann man ergänzend gequetschte Hafer- oder Gerstenkörner verfüttern.

Die nachfolgende Tabelle gibt einen Überblick zum Futterbedarf, inklusive der darin enthaltenen Energie (E in MJ = Megajoule) sowie des erforderlichen Rohproteingehalt (RP in Gramm), für Ziegen in unterschiedlichen Trächtigkeitsstadien bzw. für lämmerführende Geißen.

Trächtigkeitsstatus	Futteraufnahme Trockensubstanz	Gewicht: 50 kg		Gewicht: 60 kg		Gewicht: 70 kg	
		E in MJ	RP in g	E in MJ	RP in g	E in MJ	RP in g
nicht trächtig	0,8–1,2 kg	8,5	65	9,3	75	11,2	83
hochtragend	1,2–1,7 kg	11,0	185	13	220	14,8	240
Geiß, die drei Sauglämmer führt	3,0–3,3 kg	22,0	390	23,5	450	24,7	510

Zur Rationsberechnung für Ziegen lässt sich die im Kapitel „Schafe“ vorhandene Tabelle mit den für die einzelnen Futtermittel enthaltenen Energie- und Rohproteinwerte zugrunde legen (s. S. 20). Das Berechnungsschema gleicht dem für die Schafrationen. Ergänzende Werte für Mohrrüben und gequetschte Körnergerste liefert die nachfolgende Tabelle.

Futtermittel	Trockenmassegehalt pro kg Frischfutter	Rohfasergehalt in g	Rohproteingehalt in g	Energie in MJ
	Angaben pro Kilogramm Trockensubstanz			
Mohrrüben	120	1,5	90	12,3
Gequetschte Gerstenkörner	880	103	53	12,65

Wenn sich Ziegen nicht auf der Weide befinden, sollten sie zweimal täglich gefüttert werden, was übrigens auch für Schafe zutrifft. Dafür sind die besten Zeiten der Morgen und der späte Nachmittag. Durch die zweite Futtergabe am späten Nachmittag haben die Tiere bis zum Abend genügend Zeit, die Nahrung ohne Hast aufzunehmen.

Zum anschließenden Wiederkäuen legen sich die Ziegen (und auch die Schafe) oft hin und sollten dann nicht gestört werden.

Wiederkäuen ohne Stress oder sonstige Ablenkung birgt nämlich zwei große Vorteile in

Erntereife Futterrüben

Beim Wiederkäuen wollen die Ziegen ihre Ruhe haben.

sich. Zum einen wird der Nahrungsbrei besonders gründlich durchgekaut, was einen optimalen Energieaufschluss zur Folge hat, und zum anderen treten bei solchen ungestörten Tieren deutlich weniger Verdauungsprobleme auf.

Kleintierhalter, die selbst Käse herstellen, sollten keinesfalls die anfallende Molke achtlos wegschütten, denn diese stellt eine sehr mineralstoffreiche Flüssigkeit dar, die zudem wertvolle Eiweiße, Fette und Vitamine enthält. Schon vom ökonomischen Aspekt aus ist es sinnvoller, die Molke – welche immer sehr gut akzeptiert wird – den Ziegen zu vertränken. Des Weiteren dürfen bei der Haltung von Ziegen Mineral- und Salzlecksteine nicht fehlen, an welche die Tiere jederzeit gelangen können, um die für ihren Stoffwechsel notwendigen Substanzen zu erhalten. Die Bedeutung solcher Lecksteine wird noch immer von zahlreichen Kleintierhaltern unterschätzt. Aber vor allem bei der Haltung von laktierenden, also milchgebenden, Ziegen sind sie außerordentlich wichtig. So enthält ein Liter Ziegenmilch etwa 0,8 g Mineralstoffe, bei denen es sich vorwiegend um Calcium, Eisen, Magnesium und Kalium handelt. Damit beträgt die Mineralstoffmenge, die allein über ein Tagesgemelk von 4 Litern abgegeben wird, etwa 3,2 g. Zusätzlich scheiden die Tiere jeden Tag große Mengen an Mineralstoffen über den Kot und den Harn aus. Auch für den Aufbau und die Erhaltung von Knochen, Muskeln und Körperflüssigkeiten, wie etwa dem Blut, benötigt der Ziegenkörper ebenfalls kontinuierlich größere Mengen von diesen Stoffen.

Weide und Ziegenstall

Ziegen sind regelrechte Meister im Ausbrechen. Im Vergleich zu Schafen genügt es oftmals nicht, die Ziegenweidefläche mit einem leicht versetzbaren, engmaschigen Netzzaun einzufrieden, der nur 90 bis 100 cm hoch ist. Insbesondere wenn das Futter knapp wird, Wasser fehlt oder die Tiere bspw. durch ein Gewitter stark beunruhigt werden, überwinden sie derartige Zäune problemlos mit einem eleganten Sprung. Für den Halter von Ziegen erwächst daraus die Frage, welche Zäune einerseits weitgehend ausbruchssicher und andererseits kostengünstig in der Anschaffung sowie in der Wartung sind.

Als recht ausbruchssicher haben sich stationäre, mindestens 1,50–1,60 m hohe Latten-, Metallgitterzäune erwiesen. Nachteilig bei diesen Modellen sind die zumeist recht hohen Anschaffungskosten. Deshalb ist es natürlich ein großer Vorteil, wenn derartige Zäune bereits die Weidefläche(n) umfrieden und nur noch temporäre Zäune zum Separieren einzelner Parzellen benötigt werden.

Elektrozäune haben den Nachteil, dass sich ausbruchswillige Tiere darin oft mit ihren Beinen oder Hörnern verfangen und nicht mehr herauskommen. Die Ziegen geraten dann oft

Dieser Lattenzaun ist weitgehend ausbruchssicher.

Ein derartiger Zaun bietet leider genügend „Ausbruchsmöglichkeiten“ .

in Panik, und wenn sie nicht vom Halter aus solchen misslichen Situationen befreit werden, kann das Ganze – aufgrund der ununterbrochenen Stromschläge – für die betroffenen Tiere sogar tödlich enden. Die speziellen Netzzäune für Schafe sind für erwachsene Ziegen zu niedrig und für Ziegenlämmer zu weitmaschig. Sehr gut haben sich dagegen Maschendrahtzäune bewährt, deren Maschengröße maximal 5–6 cm beträgt. Nicht minder schlecht sind Staketenzäune im Rollformat, welche der Fachhandel anbietet. Diese lassen sich leicht und schnell montieren. Bei der Montage sollten Sie nur darauf achten, dass die Abstände zwischen den einzelnen Zaunpfosten möglichst eng sind. Sonst kann es nämlich passieren, dass der Zaun nachgibt, wenn sich die Ziegen daran „zu schaffen machen“. Gibt ein Zaun erst einmal nach, ist es meist nur noch ein kleiner Schritt, bis die Ziegen ihn soweit „bearbeitet“ haben, dass er zum „Tor in die Freiheit“ wird. Noch ärgerlicher ist in der Folgezeit, dass sich die Ziegen die Choreographie des Ausbruchs genau merken und künftig immer wieder neue Ausbruchsversuche unternehmen werden.

Ziegen mögen es nicht, wenn sie getüdert oder dauerhaft an einer kurzen Leine gehalten werden.

Eine große Raufe, die allen Tieren Platz bietet, verhindert Streitereien beim Fressen.

Aber unabhängig davon, für welchen Zauntyp man sich entscheidet, gilt es stets darauf zu achten, dass beim Aufbau an seinem unterem Rand keine größeren „Fluchtlücken" durch die vorhandene Geländestruktur entstehen. Derartige „Fluchtlücken" nutzen manche Ziegen gern, um unter dem Zaun hindurchzukriechen. Bei Zäunen aus flexiblen Materialien, bspw. aus Maschendrahtgeflecht, lassen sich diese „Fluchtlücken" relativ einfach schließen, indem man den unteren Zaunrand mit einigen Metallkrampen lückenlos am Erdboden verankert. Trotz der Ausbruchsfreudigkeit der Ziegen sollte man sie aber niemals tüdern.

Unter einer Tüderung leiden sie wahrscheinlich noch mehr als Schafe.

Die durchschnittliche Weidefläche, die pro Ziege notwendig ist, ähnelt weitgehend den Empfehlungen, die für die Schafe gegeben wurden (s. S. 22 f.).

Beim Konzipieren des Stalls sollte bedacht werden, dass Ziegen recht agil sind. Vor allen im Winter, wenn die Tiere länger im Stall bleiben müssen, kommt es bei der Haltung von mehr als fünf erwachsenen Ziegen immer wieder zu Rangeleien. Um diese zu verringern, hat es sich bewährt, wenn pro Tier mindestens 3,5 m^2 Stallfläche zur Verfügung stehen und außerdem ein paar nischenartige Bretterbuchten vorhanden sind.

Sehr beliebt sind bei den Ziegen so genannte Liegebretter, die regalähnlich an einer Stallwand angebracht wurden. Beim Konstruieren dieser Liegebretter sollte man darauf achten, dass die unteren Bretter etwa 15 cm breiter sein sollten als die oberen. Dadurch bestehen bessere Trittmöglichkeiten für die Ziegen, wenn sie auf die oberen Bretter klettern wollen. Die Liegebretter stellen zugleich hervorragende Rückzugsflächen dar, wenn die Ziegen bspw.

Beispiel für einen Ziegenstall

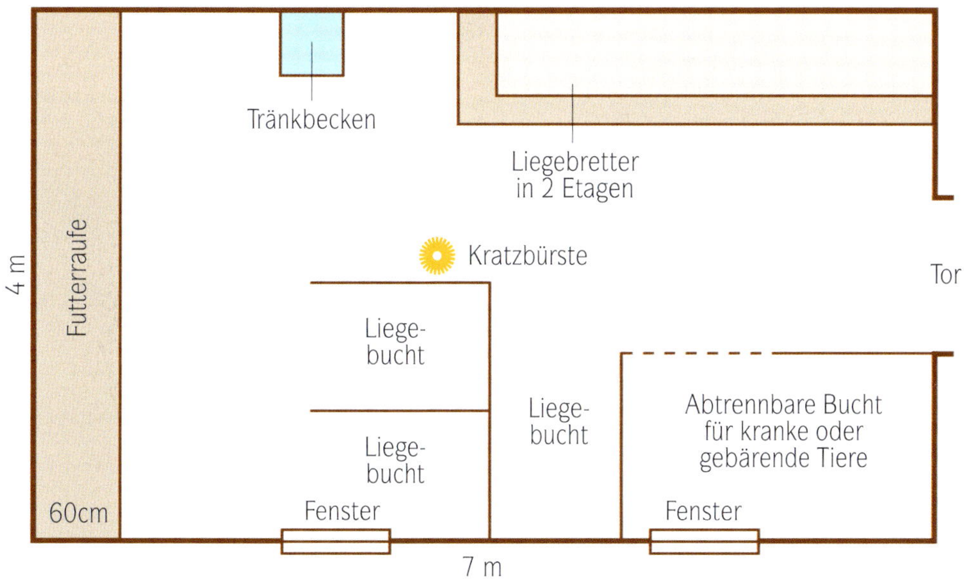

während des Wiederkäuens ihre Ruhe haben wollen.

Des Weiteren müssen an der im Stall befindlichen Futterraufe mindestens so viele Fressplätze wie Tiere vorhanden sein. Dadurch werden unnötige, auf Futterneid basierende Streitereien vermieden.

Ziegen scheuern sich von Natur aus gern an Gegenständen. Das ist ein Bestandteil ihres individuellen Pflegeverhaltens. Um dieses Scheuern zu unterstützen, hat es sich als vorteilhaft erwiesen, an einer Buchtenwand drei oder vier Kratzbürsten in unterschiedlicher Höhe anzubringen.

Bei diesen Kratzbürsten handelt es sich um ganz normale Scheuerbürsten, die man in jedem Haushaltswarengeschäft sowie in jedem Baumarkt kaufen kann.

Ziegen mögen keine „Dunkelkammern". Deshalb sollten die Ställe über mehrere Fenster verfügen, die sich bspw. über den Buchten befinden. Als besonders günstig haben sich dafür abkippbare Modelle erwiesen, an denen die Tiere nicht herumspielen können. Zur Abhilfe gegen die vielen Fliegen, die die Ziegen während der Sommermonate oft belästigen, empfiehlt es sich sehr, im Stall eine klebende Fliegenfalle anzubringen, aber so, dass die Ziegen nicht daran gelangen können.

Ziegen und ganz speziell die Böcke scheiden einen sehr geruchsintensiven Urin aus. Damit die Tiere vor allem an Tagen, an denen kein Weidegang möglich ist, nicht ständig in ihrer eigenen „Dunstwolke" stehen, muss außerdem eine regelmäßige Lüftung des Stalls erfolgen. Dabei darf allerdings keine Zugluft auftreten. Ebenso lässt sich durch häufiges Entmisten und anschließendes Einstreuen des Stalls mit frischem Stroh die Geruchsintensität der Ziegen etwas verringern.

Ziegen erreichen die Geschlechtsreife oft schon nach 6 Monaten.

Vermehrung und Nachwuchs

Bei den meisten Ziegenrassen tritt die Geschlechtsreife zwischen dem 6. und dem 9. Lebensmonat ein.

Allerdings sollten vor allem die weiblichen Exemplare erst dann erstmalig am Fortpflanzungsgeschehen teilnehmen, wenn sie mindestens 70–75 % ihres Endgewichtes erreicht haben. Das ist oft erst im 8.–10. Lebensmonat der Fall.

Obwohl es auch Rassen gibt, die asaisonal brünstig werden, zeigen viele Ziegen ein saisonales Brunstverhalten. Die Hauptbrunstzeit konzentriert sich aber bei allen Rassen auf den Herbst und wird durch die abnehmende Tageslänge stimuliert. Eine zusätzliche Brunststimulanz ist während dieser Zeit der Geruch des Bockes. Für brünstige Geißen wirkt dieser Geruch ähnlich wie ein betörendes Parfüm. Sie verhalten sich dann deutlich unruhiger, wedeln häufig mit dem Schwanz und suchen gezielt die Nähe zum Bock.

Bei Anwesenheit einer paarungsbereiten Ziege nimmt allerdings auch die Aggressionsbereitschaft der im Herbst ohnehin „spannungsgeladenen" Böcke noch weiter zu. Es kann dann sogar passieren, dass sie ihren bis dahin gut vertrauten Halter attackieren. Auch aus diesem Grund sollten sich Halter, die nur wenige Ziegen pflegen möchten, überlegen, ob die Anschaffung eines Bockes wirklich erforderlich ist oder ob man stattdessen die Geißen zur Bedeckung lieber „außer Haus" gibt.

Ähnlich wie der Schafbock stellt auch der Ziegenbock die Paarungsbereitschaft am Geruch der weiblichen Tiere fest. Er beginnt dann, die Ziege vor sich herzutreiben, beschnuppert ihren Genitalbereich und flehmt dabei häufig. Nach kurzem Liebesspiel bleibt die empfängnisbereite Ziege stehen und der Bock springt zur Kopulation auf.

Mehr als 90 % aller Ziegen werden bereits nach dem ersten Bespringen trächtig. Die sich anschließende Trächtigkeitsphase dauert 145–155 (bei Afrikanischen Zwergziegen durchschnittlich 142) Tage. Ab dem dritten Trächtigkeitsmonat ist es möglich, durch Betasten der linken Bauchregion der Ziege die Föten zu fühlen. Wie bei fast allen Säugetieren entwickeln sich auch bei den Ziegen die Föten im letzten Trächtigkeitsdrittel enorm schnell und nehmen dann stark an Gewicht zu. In gewisser Weise verhalten sich die Föten dabei sogar sehr egoistisch. Ohne Rücksicht auf die Konstitution der Mutter entziehen sie alle nur erdenklichen Substanzen und nutzen diese für die eigene körperliche Entwicklung.

Um den dabei entstehenden Substanzverlust zu kompensieren bzw. um ihm entgegenzuwirken, sollte man der Geiß mit fortschreitendem Trächtigkeitsverlauf nicht nur sehr vitaminreiche Nahrung, sondern auch des Öfteren kleinere Mengen an Konzentratfutter anbieten. Diese sind aber stets so zu bemessen, dass dadurch kein Mästen der trächtigen Geißen erfolgt, weil sonst die Gefahr von Verfettung besteht. Letz-

Ziegenpaarung

Zwillingsgeburten sind recht häufig bei Ziegen.

teres könnte wiederum den normalen Geburtsverlauf negativ beeinflussen.

Die meisten Geißen bringen pro Geburt zwei Lämmer zur Welt.

Diese sollten, außer bei Zwergrassen, Geburtsgewichte von 2,5–3,5 kg aufweisen. Vom Standpunkt der Natur aus hat es sich auch als sehr sinnvoll erwiesen, dass die meisten Paarungen im Herbst stattfinden. Somit fällt nämlich die Geburt der Lämmer in das Frühjahr, also in eine Zeit, in welcher das hochwertige Futter wieder kräftig zu sprießen beginnt. Dadurch steht für die Geißen ausreichend Nahrung zur Verfügung, um ihren außerordentlich hohen Energiebedarf zu decken.

Ziegenpflege

Genau wie bei den Schafen ist es auch bei Ziegen ratsam, jeden Tag einen kurzen visuellen Check zum allgemeinen Gesundheitszustand durchzuführen. Einmal pro Woche erfolgt eine etwas gründlichere Inaugenscheinnahme, bei der die Ziegen auf einen eventuellen Befall durch Läuse, Haarlinge und Räudemilben kontrolliert werden.

Der Grundaufbau der Ziegenklaue gleicht weitgehend dem des Schafes. Aus diesem Grund sind die Klauenkontrolle und die Pflege ebenso durchzuführen, wie im Kapitel „Praktische Schafpflege“ beschrieben (S. 28 f.).

Darüber hinaus sollten auf den Weideflächen Scheuerbürsten nicht fehlen, an denen sich die Tiere nach Belieben reiben und schubbern können. Diese Bürsten kann man bspw. an der Außenwand des Weideunterstands oder an einem massiven, gut im Boden verankerten Holzpfahl anbringen. Die Borke eines großen alten Baums, der zufällig auf der Weidefläche steht, sollte dagegen niemals als Ersatz für die Scheuerbürsten angesehen werden.

Täglich sollte man kontrollieren, ob die Ziegen augenscheinlich gesund sind.

Erzeugnisse von Ziegen

In früheren Zeiten bestand für Ziegenfleisch und für aus Ziegenmilch hergestellte Produkte vielerorts eine noch geringere Wertschätzung als für Erzeugnisse von Schafen. Das lag vor allem an dem teilweise doch sehr gewöhnungsbedürftigen Geruch der Ziegenprodukte. Dieser strenge Geruch basierte zumindest teilweise auf den oftmals recht unhygienischen Bedingungen, unter denen die Schlachtung der Tiere erfolgte bzw. die Milch gewonnen wurde. Erfolgten bspw. die Schlachtung und die Zerlegung der Ziegen in der Nähe eines über längere Zeiträume nicht ausgemisteten Stalls, dann haftete der Geruch sehr schnell am Fleisch an. Gleiches traf auf Milch zu, welche direkt im Stall gemolken wurde. Sie nahm den Stallgeruch sogar noch schneller an als das Fleisch.

Inzwischen haben sich die hygienischen Verhältnisse bei der Gewinnung von Ziegenprodukten fast überall deutlich gebessert. Darüber hinaus ist es auch in breiten Kreisen der Bevölkerung bekannt, dass Ziegenmilch gute diätetische Eigenschaften besitzt. Sie enthält zwar weniger Eiweiß und Fett als Kuhmilch, dafür aber mehr Vitamine, Spurenelemente und

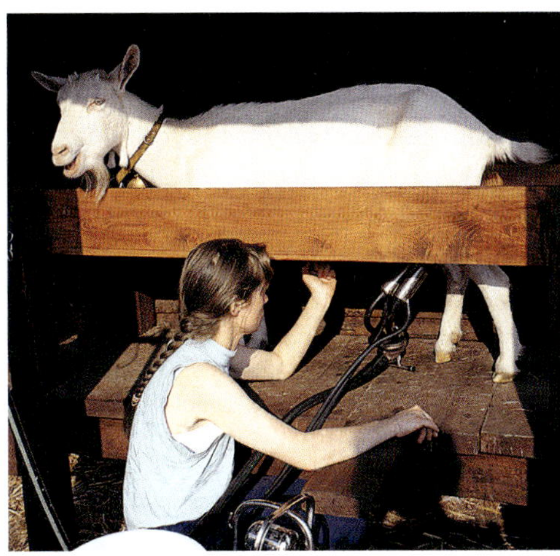

Eine gute Hygiene beim Melken ist die Basis für hochwertige Ziegenmilchprodukte.

Mineralstoffe. Außerdem verdaut der menschliche Körper Ziegenmilch deutlich besser und leichter als Kuhmilch.

Bedeutsam für Allergiker
Zahlreiche Menschen, die unter einer Kuhmilchallergie (Milcheiweißallergie) leiden, vertragen sowohl Ziegen- als auch Schafmilch problemlos. Allerdings gibt es auch Ausnahmen. Deshalb sollten Kuhmilchallergiker, die nicht auf den Genuss von Milch verzichten möchten, einfach ausprobieren, ob ihnen Ziegen- bzw. Schafmilch bekommt.

Die verbesserte Hygiene führte erfreulicherweise auch dazu, dass für den aus Ziegenmilch hergestellten Käse nicht mehr die strenge Geruchsnote, sondern sein fein würziger Geschmack das charakteristische Merkmal ist.

Nicht weniger delikat hat sich das von Lämmern oder Jungtieren stammende Fleisch erwiesen. Falls man dieses, ähnlich wie Wildbret, zwei bis drei Tage vor der Zubereitung in eine Rotweinmarinade eingelegt, wird der daraus zubereitete Ziegenbraten zu einer wahren Gaumenfreude. Das Fleisch älterer Ziegen kann man hervorragend zu kräftig gewürzten Dauerwürsten und Schinken verarbeiten, welche immer mehr Menschen mit ihrem pikanten Aroma beeindrucken.

Hausgemachte Ziegenkäse

Letztlich bietet es sich auch an, die Felle geschlachteter Ziegen gerben zu lassen, um diese bspw. als Bettvorleger oder als Auflage für Sitzmöbel zu nutzen.

Kurzportraits einiger Ziegenrassen

Afrikanische Zwergziege

Gewicht Böcke: 30–33 kg
Gewicht Geiß: 20–25 kg
Nutzung: Hobbytier, Spielgefährten für Kinder, Fleisch

Der Rassekreis umfasst die Ost- sowie die Westafrikanische Zwergziege. Letztere besitzt kürzere Beine und wirkt insgesamt gedrungener. In ihren Ursprungsländern werden diese sehr fruchtbaren Tiere vorwiegend zur Fleischerzeugung gehalten. Neben einer guten Bemuskelung zeichnen sich diese Ziegen auch durch Schnellwüchsigkeit aus.

Afrikanische Zwergziege

Angoraziege

Gewicht Böcke: 45–55 kg
Gewicht Geiß: 30–40 kg
Nutzung: primär Wolle, Fleisch, Milch

Ziegenrasse, die in ihrem Erscheinungsbild an Schafe erinnert. Der durchschnittliche jährliche Wollertrag pro Tier beläuft sich auf etwa 2,5 kg. Der Textilhandel bietet diese Wolle als Mohair an. Angoraziegen sind spätreif und bringen pro Geburt oft nur ein Lamm zur Welt.

Angoraziege

Appenzeller Ziege

Gewicht Böcke: 75–85 kg
Gewicht Geiß: 55–65 kg
Nutzung: primär Milch, Fleisch

Weiße Rasse mit mittellangen Haaren, die sich durch ihre Widerstandsfähigkeit, ihre Lebhaftigkeit und ihre Frohwüchsigkeit auszeichnet. Darüber hinaus sind Appenzeller Ziegen sehr fruchtbar und besitzen hervorragende Muttereigenschaften.

Appenzeller Ziege

Bunte Deutsche Edelziege

Gewicht Böcke: 70–100 kg
Gewicht Geiß: 55–75 kg
Nutzung: primär Milch, Fleisch

Diese Tiere verkörpern das farbliche Gegenstück zur Weißen Deutschen Edelziege. Die Rasse ist sehr fruchtbar, widerstandsfähig und langlebig. Hervorzuheben ist nicht nur die große Milchmenge, sondern auch der überdurchschnittliche Gehalt an Milchfett und -eiweiß.

© maddin07 – Fotolia.com

© Kimsonal – Fotolia.com

Weiße deutsche Edelziege (oben)
Bunte deutsche Edelziege (unten)

Burenziege

Gewicht Böcke: 90–120 kg
Gewicht Geiß: 65–75 kg
Nutzung: primär Fleisch, Milch

Burenziegen werden wegen ihrer geringen Milchleistung fast nie gemolken. Die Lämmer sind sehr wuchsfreudig und nehmen pro Tag oft 140–250 g zu. Mönche können bis 140 kg wiegen. Allerdings enthält ihr Fleisch dann einen relativ hohen Fettanteil.

© Axel Gutjahr – Fotolia.com

Burenziegenbock

Tauernschecke

Gewicht Böcke: 60–85 kg
Gewicht Geiß: 50–70 kg
Nutzung: primär Milch, Fleisch

Tauernschecken sind eine sehr vitale, relativ anspruchslose und trittsichere Gebirgsrasse. Es gibt sowohl Tiere mit schwarz-weiß-braun als auch mit schwarz-weiß geflecktem Fell. Hervorzuheben sind die hohe Fruchtbarkeit und die ausgeprägten Muttereigenschaften.

Tauernschecke

Thüringer Waldziege

Gewicht Böcke: 65–90 kg
Gewicht Geiß: 50–70 kg
Nutzung: primär Milch, Fleisch

Mittelgroße Rasse, von der sowohl ein feingliedriger als auch ein kompakter Typ mit hell- bis dunkelbrauner oder schwarze Färbung und charakteristischer Gesichtsmaske existiert. Die Rasse zeichnet sich durch Robustheit, Anspruchslosigkeit sowie hohe Fruchtbarkeit aus.

Thüringer Waldziege

Walliser Schwarzhalsziege

Gewicht Böcke: 65–70 kg
Gewicht Geiß: 45–50 kg
Nutzung: primär Fleisch, Milch

Die Walliser Schwarzhalsziege verkörpert eine Gebirgsrasse. Sie wird auch als Halsene, Sattel- oder Vespertalerziege bezeichnet. Die vordere Körperhälfte ist schwarz und die hintere weiß behaart. Eine Farbmutante stellt die so genannte Kupferhalsziege, deren vordere Körperregion eine rötlich-braune Färbung hat.

Walliser Schwarzhalsziege

Kaninchen

Ein Iberer, um den sich viele Irrtümer ranken

Die Domestikation des Kaninchens erfolgte erst im frühen Mittelalter. Als Stammform, auf die sich alle gegenwärtigen Rassen zurückführen lassen, fungierte das Wildkaninchen (*Oryctolagus cuniculus*).

Das ursprüngliche Verbreitungsgebiet dieser Tiere konzentrierte sich auf die Iberische Halbinsel sowie Teile des heutigen Südfrankreich und Nordafrika. Schrittmacherdienste bei der Zähmung und Vermehrung dieser Tiere leisteten zahlreiche Mönchsklöster. In späteren Zeiten, als

© hfox – Fotolia.com

Wildkaninchen

Feldhase

die Nachkommen dieser Wildlinge schon relativ zahm waren, konzentrierte sich das züchterische Augenmerk verstärkt auf die Farbe des Fells. Deshalb existierten am Ende des Mittelalters schon mehrere Fellfärbungen bei den Kaninchen.

Eine umfangreichere Rassezucht begann allerdings erst um 1750 in Frankreich.

Nach 1871 gelangten die Kaninchen zunehmend in die deutschsprachigen Regionen Mitteleuropas. Etwa zeitgleich begannen auch immer mehr Menschen in Nordamerika, sich mit der Haltung und Zucht dieser Tiere zu beschäftigten.

Umgangssprachlich werden Hauskaninchen oft als Karnickel, Hasen oder Stallhasen bezeichnet. Durch die letzten beiden Bezeichnungen können bei Unkundigen zuweilen Irritationen entstehen, zu denen auch oft der in Züchterkreisen übliche Begriff „Häsinnen" beiträgt. Unter „Häsinnen" verstehen die Züchter erwachsene weibliche Kaninchen. Außerdem löst auch der Begriff „Hasenkaninchen" manchmal Irritation aus. Bei den Hasenkaninchen handelt es sich nicht etwa um Kreuzungstiere aus Hasen und Kaninchen, sondern um eine eigenständige Kaninchenrasse. Diese ähnelt in ihrem äußeren Erscheinungsbild stark einem Hasen.

Zahlreiche Unterschiede

Kaninchen und Feldhasen (*Lepus europaeus*) sehen einander zwar recht ähnlich und gehören auch beide zur Familie der Hasen (*Leporudae*), aber trotzdem sind die Unterscheide zwischen diesen Arten erheblich. Bei einem genaueren Vergleich zwischen Hasen und Kaninchen fällt sofort auf, dass bei letzteren die Beine kompakter wirken und die Ohren deutlich kürzer sind. Des Weiteren bewohnen Wildkaninchen selbst gegrabene unterirdische Baue und leben ganzjährig in Gruppen zusammen, die man Kolonien nennt. Dagegen sind Hasen Einzelgänger, die sich nur zur Paarung kurzzeitig zusammenfinden. Sie graben auch keine unterirdischen Baue, sondern nutzen flache Erdmulden, so genannte Sassen, als Ruhe- und Schlafplätze. Noch gravierender erweisen sich die Unterschiede bei den Neugeborenen. Während die kleinen Hasen voll entwickelt mit einem samtweichen Fell und offenen Augen als Nestflüchter zur Welt kommen, sind neugeborene Kaninchen als Nesthocker nackt und blind.

Rasse oder Hybriden?

Zahlreiche künftige Kaninchenhalter stellen sich vor der Anschaffung ihrer ersten Tiere die Frage, ob sie sich besser für eine Rasse oder für Hybriden, also Mischlinge, entscheiden sollen. Wenn man nicht beabsichtigt, sich später einem Züchterverein anzuschließen oder auf eine ganz spezielle Fellfärbung Wert legt, genügen eigentlich Hybriden. Diese Tiere haben keine

© Jenny Sturm – Fotolia.com

Eine „bunte Mischung" von Hybriden

schlechtere Fleischqualität und sind genauso wuchs- und vermehrungsfreudig wie Rassetiere. Hinzukommt, dass man beim Kauf für Hybriden fast immer weniger bezahlen muss als für Rassekaninchen. Außerdem haben nicht wenige Halter von Hybridkaninchen immer wieder ihren Spaß, wenn die Jungen eines Wurfes ihre Fellchen bekommen und jedes Jungtier eine andere Färbung besitzt. Das liegt daran, weil zumeist sowohl die Mutter als auch der Vater eine Vielzahl an Farbgenen in sich tragen und im Rahmen der Vererbungsgesetze dadurch sehr variantenreich aussehende Nachkommen entstehen können.

Wichtiger als die Frage, ob es sich bei den Kaninchen um Rassetiere oder Hybriden handeln sollte, ist oftmals das Gewicht der Tiere. Wenn man die Kaninchen zu Eigenbedarfszwecken hält, genügen für eine zwei- oder dreiköpfige Familie zumeist kleinere Exemplare, während sich bei mehr Verbrauchern eher mittelgroße bis große Tiere bewährt haben.

Nun kann es sein, dass man bisher nur relativ kleinwüchsige Hybriden besessen hat, aber an schwergewichtigeren Exemplaren in den folgenden Kaninchengenerationen Interesse hat. Dann ist es ratsam, eine so genannte Verdrängungskreuzung durchführen, bei welcher man allerdings reinrassige (schwerere) Vatertiere verwenden muss. Letztere bieten den Vorteil, dass sie ihre genetischen Veranlagungen bezüglich ihres Gewichtes recht konstant weitervererben. Dagegen kann über die Vererbung des Gewichts bei Hybridhäsinnen keine verlässliche Aussage getroffen werden, weil sich zumeist niemand mehr genau an deren Vorfahren, die bereits drei oder vier Generationen zurückliegen, erinnern kann.

In der Praxis wird eine Verdrängungskreuzung folgendermaßen durchgeführt:

Man verpaart ein als Rammler bezeichnetes männliches, 5,25 kg schweres Kaninchen, bspw. von der Rasse Helle Großsilber, mit einer Hybridhäsin, die 3,2 kg wiegt.

Unter den Nachkommen sucht man die schwersten Häsinnen zur Weiterzucht aus, die in unserem Beispiel 3,6 kg wiegen.

Verdrängungskreuzung bei Kaninchen

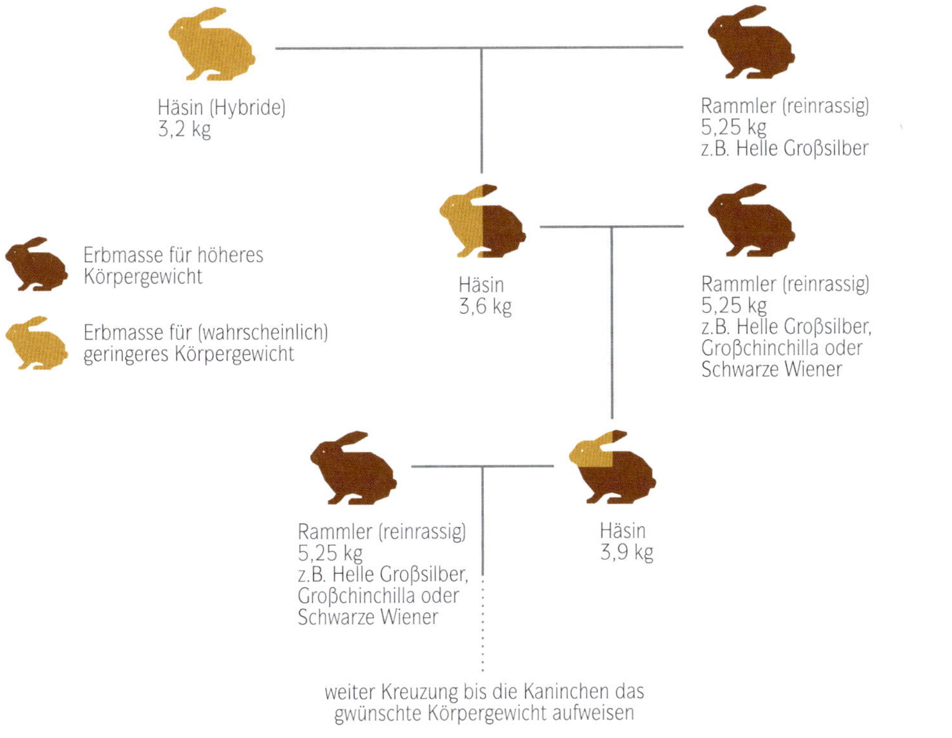

Diese verpaart man erneut mit einem reinrassigen Rammler, dessen Gewicht etwa 5,25 kg beträgt. Um Inzucht zu vermeiden, sollte man aber nicht den Vater als Paarungstier verwendet. Stattdessen nutzt man entweder einen anderen Helle-Großsilber-Rammler oder ein Vatertier einer anderen Rasse, bspw. einen Schwarzen Wiener oder einen Großchinchilla. Aus den Nachkommen wählt man erneut die schwersten Häsinnen aus, die vielleicht 3,9 kg wiegen, und setzt mit ihnen die Verdrängungskreuzung fort. Als Paarungspartner für diese Häsinnen kommt wieder ein reinrassiger 5,25 kg Rammler zum Einsatz. Dieses Anpaarungsprinzip wird in den nachfolgenden Generationen so lange weitergeführt, bis die Kaninchen das angestrebte Gewicht erreicht haben. Anschließend kann man die Häsinnen auch wieder mit entsprechend großen Hybridrammlern verpaaren.

In der Folgezeit muss man nur darauf achten, dass aus den Nachwuchsgenerationen keine Häsinnen, die wieder deutlich geringere Gewichte aufweisen, zur Zucht eingesetzt werden.

Auf der Grundlage bestimmter Merkmale, wie etwa Körpermasse, Fellstruktur und Haarlänge, werden die Rassekaninchen oft in die Abteilungen der Langhaarrassen, Kurzhaarrassen, Haarstruktur-Rassen, Normalhaar-Zwergrassen, Kleine Normalhaarrassen, Mittelgroße Normalhaarrassen und Große Normalhaarrassen unterteilt. Für diejenigen, die sich nicht auf die Rassezucht konzentrieren wollen, sind eigentlich nur die relativ pflegeleichten Tiere der drei letztgenannten Abteilungen für eventuelle Verdrängungskreuzungen von größerem Interesse. In der folgenden Tabelle sind einige typische Rassen für diese drei Abteilungen zusammengestellt:

Große Normalhaarrassen (diese Kaninchen wiegen mehr als 5,5 kg)	Mittelgroße Normalhaarrassen (diese Kaninchen wiegen 3,75–5,5 kg)	Kleine Normalhaarrassen (diese Kaninchen wiegen weniger als 3,75 kg)
Blaue von Sankt Nikolaus	Blaue Wiener	Deutsche Kleinwidder
Deutsche Riesenschecken	Burgunder	Englische Schecken
Deutsche Riesen	Englische Widder	Holländer
Deutsche Widder	Großchinchilla	Kastanienbraune Lothringer
Flämische Riesen	Helle Großsilber	Kleinchinchilla
Mährische Blaue	Kalifornier	Kleinsilber
Weiße von Bouscat	Mecklenburger Schecken	Luxkaninchen
	Rote Neuseeländer	Marburger Feh
	Thüringer	Russen
	Weiße Wiener	Sachsengold

Anatomische und physiologische Grundlagen der Kaninchenernährung

Kaninchen besitzen im Oberkiefer vier und im Unterkiefer zwei Schneidezähne, die fälschlicherweise oft als Nagezähne bezeichnet werden. Mit Hilfe dieser Schneidezähne beißen bzw. raspeln die Kaninchen von dem angebotenen Futter Stücke ab, die sie mit Hilfe ihrer Backenzähne noch weiter zerkleinern. Gleichzeitig erfolgt in der Maulhöhle eine kräftige Einspeichelung des Nahrungsbreis, so dass dieser gute Gleiteigenschaften erhält und dadurch die Speiseröhre leicht passieren kann.

Endloses Zahnwachstum
Wie die meisten Säugetiere bilden auch junge Kaninchen zuerst ein so genanntes Milchgebiss aus, welches aber schon im Alter von 3–5 Wochen durch ein bleibendes ersetzt wird. Die in diesem bleibenden Gebiss vorhandenen Zähne sind alle wurzellos und wachsen deshalb zeitlebens nach. Das ist auch notwendig, denn das kräftige Kauen von teilweise recht hartem Futter bewirkt einen ständigen starken Abrieb der Zähne.

Die Speiseröhre mündet im Magen, in dem der ankommende Futterbrei schichtweise übereinander gelagert wird.

Der Magen sondert den so genannten Magensaft ab, welcher zahlreiche Enzyme und Salzsäure enthält, die den Futterbrei weiter biochemisch aufschließen. Danach wird der Futterbrei in Richtung Dünndarm weitergescho-

Heller Großsilber

Marburger Feh

Kleinsilber, gelb

Roter Neuseeländer

ben. Allerdings ist der Kaninchenmagen nur mit einer sehr schwachen Muskulatur ausgestattet, deren eigene Kraft nicht allein genügt, um den Futterbrei ausreichend „in Bewegung" zu setzen. Deshalb muss die neu im Magen ankommende Nahrung das Weiterschieben des bereits vorhandenen Futterbreis unterstützen. Im Dünndarm erfolgt dessen Anreicherung mit den von Leber und Bauchspeicheldrüse abgesonderten Flüssigkeiten. Diese tragen zu einer weiteren Forcierung des Verdauungsprozesses bei, wodurch zahlreiche einfache Stoffverbindungen entstehen, die der Dünndarm resorbiert. An den Dünndarm schließt sich der Dickdarm an, zu dem auch der Blinddarm gehört. Letzterer ist bei den Kaninchen extrem groß und fungiert

Das mit den Schneidezähnen abgebissene Futter zerkleinern die Kaninchen mit den Backenzähnen weiter.

Verdauungstrakt Kaninchen

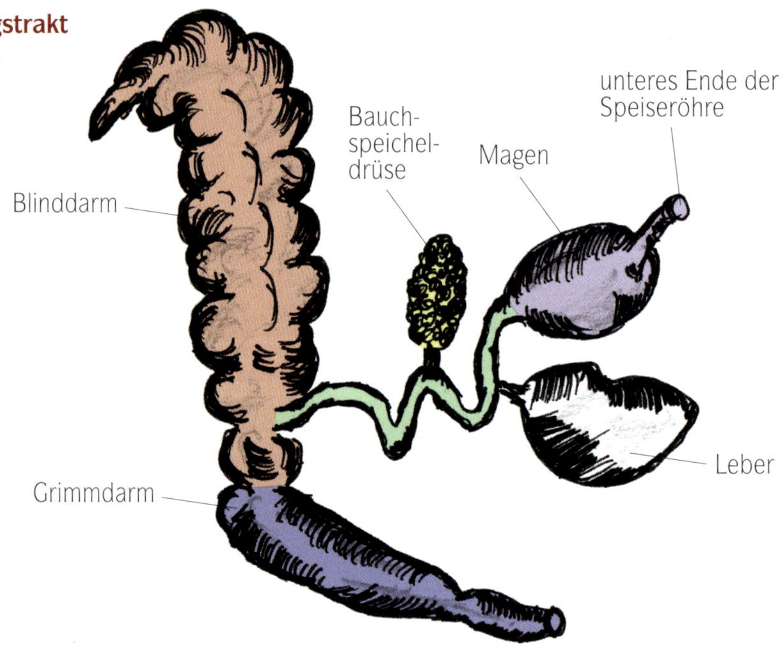

als eine Art „Gärkammer", in der rohfaserreiche Bestandteile des Futterbreirestes mit Hilfe von Bakterien zersetzt werden. Die Aufgabe der beiden letzten Abschnitte des Dickdarms, die als Grimm- und Mastdarm bezeichnet werden, besteht vor allem darin, dem Darminhalt möglichst viel Wasser zu entziehen, wobei gleichzeitig die Formung der festen Kotballen erfolgt.

Vitaminreicher Kot

Neben den kugelähnlichen festen Kotballen scheiden die Kaninchen noch eine weitere, sehr weiche Kotart aus. Diese enthält große Mengen Vitamin B sowie K und wird als Blinddarmkot bezeichnet. Um Futter optimal verwerten zu können, müssen die Kaninchen zumindest einen Großteil ihres Blinddarmkotes wieder fressen. Das geschieht hauptsächlich in den Nachtstunden, wobei eine direkte Aufnahme vom After erfolgt. Dabei handelt es sich um eine völlig normale Verhaltensweise der Tiere und keineswegs um ein Anzeichen für eine Erkrankung oder eine Mangelerscheinung.

Gelegentlich kleben größere Mengen dieses weichen Kotes an der Einstreu und werden dann häufig als Durchfall angesehen. Tatsächlich sind die Kotreste aber oft ein Indiz dafür, dass die Kaninchen zu dick sind. Die Körperfülle lässt die Kaninchen ungelenkig werden, so dass sie schließlich nicht mehr mit ihrem Kopf bis zum After gelangen. Bei normalgewichtigen Kaninchen können dagegen Wirbelsäulenerkrankungen/-versteifungen die Ursache sein, die eine (ausreichende) Aufnahme des Blinddarmkots verhindern. Solche Wirbelsäulenerkrankungen/-versteifungen treten relativ oft bei Tieren auf, die in zu niedrigen Buchten gehalten werden.

Fütterung und kaninchentypisches Futter

Kaninchen sollten täglich zwei- bis dreimal Futter erhalten, wobei die meiste Nahrung im Zeitraum von etwa 19.00–3.00 Uhr aufgenommen wird.

Aus diesem Grund hat es sich bewährt, den Tieren am späten Nachmittag/frühen Abend die umfangreichsten Futtermengen anzubieten. Steht den Kaninchen über längere Zeiträume kein Futter zur Verfügung, oft genügen bereits 12–20 Stunden, kann das einen Stillstand des Darms zur Folge haben. Weil der Futterbrei dann nicht mehr kontinuierlich weitergeschoben wird, gerät die Darmflora aus dem Gleichgewicht, wodurch im Blinddarm Fehlgärungen beginnen. Die bei den Fehlgärungen entstehenden Gase bewirken oft ein als Trommelsucht bezeichnetes Aufblähen des Bauchbereiches, welches im Extremfall sogar tödlich enden kann.

In früheren Zeiten galt der regional auch als Bimmbaum, Butter-, Hunde-, Ketten-, Kuh- sowie Pusteblume bezeichnete Löwenzahn vor allem während der wärmeren Jahreszeit als eine ganz typische Futterpflanze für alle Kaninchen.

Häufig stellt er sogar die über längere Zeiträume gern gefressene Hauptfutterkomponente dar. Allerdings kann der im Löwenzahn enthaltene, relativ hohe Anteil an Calcium zum Problem werden. Das Calcium wird nämlich zu einem Großteil vom Darm der Kaninchen resorbiert. Von dort gelangt es über den Blutkreislauf in die Nieren, wo es sich mit der Zeit oft als Harngrieß oder -steine ablagert. Aller-

Kaninchen sollten 2–3-mal pro Tag Futter erhalten.

dings sind von Harnstein- und Grießbildungen zumeist nur länger gehaltene Zuchttiere betroffen. Bei so genannten Mastkaninchen, die gewöhnlich schon nach wenigen Monaten geschlachtet werden, reicht gewöhnlich die Zeit zur Bildung von Harnsteinen oder -grieß nicht aus. Deshalb kann man an Mastkaninchen auch weiterhin ausgiebig Löwenzahn verfüttern. Das trifft analog auch auf Blaue Luzerne, Petersilie und Kohlrabiblätter zu, die einen ähnlich hohen Calciumgehalt wie Löwenzahn aufweisen.

In den Sommermonaten kann man Kaninchen, die weder tragend sind noch Junge führen, weitgehend mit Grünfutter ernähren, das vorwiegend aus jungen Gräsern, Rotklee und Kräutern besteht. Von letzteren werden bspw. Schafgarbe (*Achillea millefolium*), Huflattich (*Tussilago farfara*), Wiesenkerbel (*Anthriscus sylvestris*), Melden (*Atriplex* spec.), Spitzwegerich (*Plantago lanceolata*) und Vogelmiere (*Stellaria media*) gern gefressen. Ein weiteres, sehr hochwertiges Futter stellt Grünmais dar, den die Kaninchen ebenfalls sehr bereitwillig akzeptieren.

Als ungünstiger haben sich dagegen Gänseblümchen (*Bellis perennis*), Beifuß (*Artemisia vulgaris*) und Wiesensalbei (*Salvia pratensis*) erwiesen. Ein Nachteil bei einer weitgehenden Ernährung mit Grünfutter besteht darin, dass die Zähne der Kaninchen dann weniger stark beansprucht werden und sich folglich nicht genug abnützen. Um dem entgegenzuwirken, bietet man den Tieren am besten alle 2–3 Tage zusätzlich ein paar beblätterte Zweige von Pappeln, Linden, Weiden, Wein oder Eschen an.

Beifuß

Spitzwegerich

Zu den für Kaninchen gut verträglichen Küchen- und Gartenabfällen gehören Chicorée, Eisbergsalat, Endiviensalat, Feldsalat, Möhrenlaub, Kopfsalat, Schälreste von Gurken sowie Spargel und gekochte Kartoffeln. Rohe Kartoffelschalen, an denen sich keine fadenähnlichen Keime befinden, eignen sich ebenfalls als Futter. Die Keime enthalten nämlich das Gift Solanin, weshalb man sie nicht verfüttern darf.

Beim Verfüttern von Kohl ist ebenfalls Vorsicht geboten. Falls man überhaupt Kohl anbietet, sollte das nie in größeren Mengen geschehen, weil dieser starke Blähungen hervorruft, die zur Trommelsucht führen können.

Harte Brot- und Brötchenabfälle werden von den Kaninchen mit großer Begeisterung gefressen. Trotzdem darf man diese, genau wie Hafer-, Gersten-, Roggen-, Weizen- und Mais-

Löwenzahn

körner, nie in zu üppigen Mengen anbieten, weil es sich dabei um kalorienreiches Konzentratfutter handelt, das schnell zu Verfettungen führt. Getreidekörner verfüttert man am besten ganz oder höchstens in gequetschter Form. In diesem Zustand fressen die Kaninchen das Kraftfutter besonders gern, während sie es in fein geschroteter Konsistenz weniger mögen. Eine große Freude macht man Kaninchen mit ausgereiften Weizenähren, die die Tiere mit viel Begeisterung knabbern. Neben Getreidekörnern sind auch Kleien, allen voran Weizenkleie, ein in der Kaninchenhaltung nicht mehr wegzudenkendes Futter. Des Weiteren ist es möglich, getreidehaltiges Futter als Pellets anzubieten, welche im Fachhandel immer erhältlich sind. Dort kann man ebenfalls spezielle Mineralstoffmischungen für Kaninchen erwerben.

Gutes Wiesenheu stellt ebenfalls eine äußerst wichtige Futterkomponente dar. Heu ist sehr rohfaserhaltig, gibt den Zähen viel Arbeit und stimuliert die mikrobiellen Verdauungsprozesse im Dickdarm. Aus diesen Gründen sollte den Kaninchen immer Heu in unbegrenzter Menge zur Verfügung stehen, wobei es vorzugsweise in einer kleinen Raufe deponiert wird, um so Verschmutzungen zu vermeiden. Eine gern gefressene Spezialform ist das so genannte Laubheu, das neben Gras, Leguminosen und Kräutern getrocknete Blätter von den bereits genannten Baumarten enthält, deren frische Zweige sich ebenfalls als Futterkomponenten eignen.

Saftfutter, zu dem Futter-, Zucker-, Kohl-, Mohr- und Rote Rüben gehören, wird zumeist in den Wintermonaten in größeren Mengen angeboten und stellt eine gute Ergänzung zum Heu dar. Das trifft auch auf gekochte Kartoffeln zu, die mit Weizenkleie vermengt sind.

Bei Bedarf müssen die Kaninchen jederzeit an frisches, sauberes Tränkwasser gelangen können. Dieses bietet man am besten in Nippeltränkflaschen an. Die Kaninchen können an derartigen Flaschen problemlos ihren Durst stillen, ohne dabei Wasser zu vergießen und die Einstreu zu verschmutzen.

Nachfolgend sind einige Beispiele für ausgewogene Tagesfutterrationen für mittelgroße, etwa 4 kg schwere Normalhaarrassen zusammengestellt. Bei der Fütterung kleinerer Rassen ist es ratsam, diese Rationen um 15–50 % zu reduzieren und für große Rassen um etwa diese Werte zu erhöhen.

Rationsbeispiele

1. Beispiel: Rammler und Häsinnen (ohne Jungtiere)/Sommerhalbjahr

- 200 g junges Grünfutter von einer „fetten" Wiese oder 200 g Grünmais
- 100 g Möhrenkraut oder 80 g Kartoffelschalen
- 80 g Haferkörner oder 80 g hartes Brot bzw. Brötchen
- 30 g Weizenkleie
- 3 g Mineralstoffgemisch (mischt man am besten in die Kleie)
- Zusätzlich 1–2 beblätterte Pappel- oder Weidenzweige

2. Beispiel: Rammler und Häsinnen (ohne Jungtiere)/Winterhalbjahr

200 g Futter- oder Mohrrüben
80 g gutes Wiesenheu
80 g gekochte Kartoffeln, mit 40 g Weizenkleie und 3 g Mineralstoffgemisch vermengt

3. Beispiel: Häsinnen in der Paarungszeit/Sommerhalbjahr
- 350 g junges Grünfutter mit hohem Rotkleeanteil
- 100 g Weizenkörner
- 80 g Möhren
- 10 g Weizenkleie, mit 2 g Mineralstoffgemisch vermengt

4. Beispiel: Häsinnen in der Paarungszeit/Winterhalbjahr
- 200 g Kohl- oder Rote Rüben
- 80 g gekochte Kartoffeln, vermengt mit 2 g Mineralstoffgemisch
- 100 g Haferkörner oder grob geschrotete Maiskörner
- 80 g Heu

5. Beispiel: Häsin säugend, 6 Junge, 1.–10. Tag nach dem Gebären/Sommerhalbjahr
- 500 g junges Grünfutter
- 100 g Weizenkörner
- 60 g Weizenkleie, vermischt mit 10 g Mineralstoffgemisch
- 100 g Möhrenkraut
- 80 g Kartoffelschalen

6. Beispiel: Häsin säugend, 6 Junge, 1.–10. Tag nach dem Gebären/Winterhalbjahr
- 300 g Mohrrüben
- 130 g Heu
- 80 g Gerstenkörner
- 50 g Weizenkleie, vermischt mit 10 g Mineralstoffgemisch

7. Beispiel: Häsin säugend, 6 Junge, 11.–20. Tag nach dem Gebären/Sommerhalbjahr
- 1.000 g junges Grünfutter
- 80 g Haferkörner
- 60 g Weizenkleie, vermischt mit 10 g Mineralstoffgemisch
- 100 g Möhren

8. Beispiel: Häsin säugend, 6 Junge, 11.–20. Tag nach dem Gebären/Winterhalbjahr
- 400 g Zuckerrüben
- 130 g Heu
- 60 g Weizenkleie, vermischt mit 10 g Mineralstoffgemisch
- 100 g Möhren
- 100 g hartes Brot oder Brötchen

Haltung in Ställen und Freigehegen

Die Haltung von Kaninchen kann sowohl in Ställen als auch zeitweilig in großflächigen Freilandgehegen erfolgen.

Die Freilandhaltung bietet den Vorteil, dass sich die Tiere ausgiebig an der frischen Luft bewegen können und dadurch ihre Widerstandskräfte erhöht werden und der Appetit gesteigert wird. Bei der Konstruktion des mindestens 1,8 m hohen Geheges, welches vorzugsweise aus feinem Maschendraht bestehen sollte, ist zu beachten, dass Kaninchen gern im Boden wühlen. Um ein Untergraben des Maschendrahtzauns und die damit verbundene Flucht zu verhindern, muss das Drahtgeflecht mindestens 50 cm tief in den Boden eingelassen werden.

Des Weiteren hat es sich insbesondere in ländlichen Gebieten bewährt, über das Gehege ein Netz zu spannen, das die Kaninchen vor Greifvogelattacken schützt. Im Gehege darf ein mit Einstreu versehener Unterstand nicht fehlen, der den Tieren bei Regen und bei zu starker Sonneneinstrahlung Schutz bietet. Am besten ist es, wenn sich dieser Unterstand auf einem kleinen Potest befindet, wodurch das sich ebenerdig verteilende Regenwasser nicht die Einstreu durchnässen kann.

Die klassische Haltung der Kaninchen erfolgt jedoch in Ställen, welche auch als Buchten oder Boxen bezeichnet werden. Am beliebtesten sind dabei Modelle mit einem Holzboden. Im Unterschied dazu verströmen Buchten mit Stein- oder Betonböden reichlich „Fußkälte“, welche die Kaninchen überhaupt nicht mögen. Damit der Urin gut abfließen kann, muss die Bodenplatte zur hinteren Buchtenwand hin ganz schwach abfallen. Letztere ist mit einer kleinen Öffnung auszustatten, in der sich ein dünnes Abflussrohr befindet, welches in einen Auffangbehälter mündet.

Kaninchenhaltung im Stall. Als Einstreu dient Stroh.

Beispiel für eine Kaninchenbucht

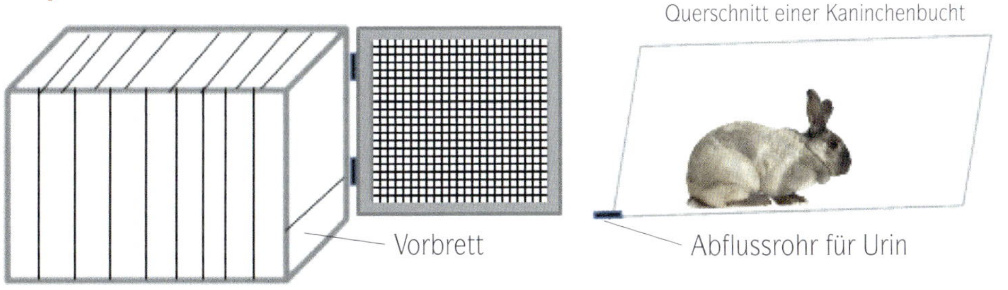

Die Vorderseite der Bucht besteht aus einer rahmenartigen Tür mit Maschendrahtgeflecht.

Für eine artgerechte Kaninchenhaltung sollten die einzelnen Buchten mindestens folgende Maße aufweisen (abhängig von Rassen bzw. Gewichte der Kaninchen):

- **Große Rassen bzw. Tiere mit mehr als 5,5 kg**
  110 x 80 x 70 cm (B x T x H)
- **Mittelgroße Rassen bzw. Tiere mit 3,75–5,5 kg**
  85 x 80 x 60 cm (B x T x H)
- **Kleine Rassen bzw. Tiere mit weniger als 3,75 kg**
  70 x 75 x 60 cm (B x T x H)

Dabei kommt es den artspezifischen Bedürfnissen der Kaninchen sehr entgegen, wenn mindestens immer zwei erwachsene Häsinnen,

Vorbildliche Bucht mit ausreichender Höhe

zwei kastrierte Rammler, eine Häsin mit einem kastrierten Rammler oder mehrere gleichgeschlechtliche Jungtiere gemeinsam gehalten werden. Sobald in den Gruppen der halbwüchsigen Rammler erste Streitigkeiten auftreten, muss man diese Tiere entweder trennen oder kastrieren lassen. Die Rammler sind genau wie Häsinnen, die Junge führen bzw. kurz vor der Geburt stehen, einzeln zu halten.

In größeren Buchten lassen sich auch mehrere Tiere unterbringen. Die Anzahl der jeweiligen Kaninchen ist dabei so zu bemessen, dass jedes Tier genügend Platz für entspanntes Liegen hat.

Buchten, die Häsinnen als Geburtsraum sowie zur Jungenaufzucht dienen, sollten möglichst über einen zusätzlichen Nistkasten verfügen. In diesem kann die Häsin ein Nest bauen und ihre Jungen ungestört zur Welt bringen. Empfehlenswerte Maße für einen solchen Kasten sind (abhängig von Rassen bzw. Gewichte der Kaninchen):

- **Große Rassen bzw. Tiere mit mehr als 5,5 kg**
  40 x 60 x 45 cm (B x T x H)
- **Mittelgroße Rassen bzw. Tiere mit 3,75–5,5 kg**
  40 x 40 x 40 cm (B x T x H)
- **Kleine Rassen bzw. Tiere mit weniger als 3,75 kg**
  35 x 35 x 35 cm (B x T x H)

Als Einstreu für Kaninchenställe haben sich sauberes Stroh und mit Abstrichen auch kleingehackte Hobelspäne bewährt. Die Einstreu muss sich immer trocken anfühlen. Stark verschmutzte Stellen sollten zumindest einmal wöchentlich gegen frisches Material ausgetauscht werden. Des Weiteren hat es sich als günstig erwiesen,

Junge Kaninchen

neben Futternapf, Raufe und Tränkflasche auch ein größeres Stück Weichholz in jede Bucht zu legen. Dieses dient als Beschäftigungsmaterial und trägt gleichzeitig dazu bei, dass sich die Zähne der daran herumknabbernden Kaninchen kontinuierlich abnutzen.

Vermehrung und Nachwuchs

Bei den Kaninchen setzt die Geschlechtsreife in der Regel ein paar Monate früher ein als die Zuchtreife. Letztere ist dadurch gekennzeichnet, dass die Tiere dann aufgrund ihrer fortgeschrittenen körperlichen Entwicklungsgrades ohne ein erhöhtes Risiko an der Reproduktion teilnehmen können. Kleine Rassen/Hybriden erreichen die Zuchtreife zumeist im siebten, mittelgroße im achten und große im neunten Lebensmonat.

Im Unterscheid zu den Rammlern, die jederzeit paarungsbereit sind, werden die Häsinnen in Intervallen brünstig. Während der Brunst schwellen die Schamlippen an und zeigen dann eine leichte Rötung. Außerdem verhalten sich die Häsinnen unruhiger, fressen schlechter und sind aggressiver als sonst. In diesem Zustand setzt man die Häsin zum Rammler. Das anschließende Liebesspiel ist relativ kurz und besteht fast nur darin, dass der Rammler ununterbrochen versucht, die Häsin von überall her zu besteigen. Ist er endlich in der dafür erforderlichen Position, dauert die eigentliche Paarung höchsten 15 Sekunden. Anschließend rollt sich der Rammler zur Seite ab.

Die Trächtigkeit dauert beim Kaninchen 31–33 Tage. Kurz vor der Geburt beginnt die Häsin, ein Nest zu bauen. Als Baumaterialien nutzt sie Stroh und Heu. Anschließend polstert sie das Nest mit so genannter Bauchwolle aus. Das sind Haare, die sich die Häsin aus ihrem Bauchfell herausreißt.

Die Wurfgröße kann bei den Kaninchen zwischen zwei und zehn Jungen schwanken, wobei es für eine Häsin im Allgemeinen schwer ist, mehr als acht Jungtiere aufzuziehen. Die Jungen kommen nackt, blind und taub zur Welt. Um die noch immunschwachen Jungen nicht mit Krankheiten zu infizieren, sollte man weder sie noch das Nest während der ersten Lebenstage berühren. Am vierten Lebenstag erscheinen die ersten Flaumhärchen. Bis den jungen Kaninchen jedoch ein komplettes Fell wächst, vergehen noch weitere 10–12 Tage. Ihre Augen öffnen sich am 9. Lebenstag. Nach 18–20 Tagen verlassen die Jungen erstmals das warme Nest und erkunden neugierig die Bucht. Bis zu diesem Zeitpunkt haben sie sich ausschließlich von Muttermilch ernährt. Welche enormen Mengen an Milch die Häsin in diesem Zeitraum produzieren muss, verdeutlicht die Tatsache, dass die Jungen innerhalb der ersten Lebenswoche ihr Geburtsgewicht verdoppeln.

Ab dem 18.–20. Lebenstag „entlasten“ die Jungen die Mutter allmählich, indem sie mit der Aufnahme fester Nahrung beginnen.

Scheinträchtigkeit
Begattete Häsinnen, bei denen der Deckakt nicht erfolgreich verlief, verhalten sich nach einiger Zeit oft wie Tiere, die kurz vor der Geburt stehen. So beginnen diese Häsinnen bspw. nach zwei Wochen, sich die Bauchwolle auszureißen. Solche Häsinnen muss man im „Auge“ behalten. Sobald sie wieder echte Brunstsymptome zeigen, setzt man sie erneut zum Rammler.

Futtermenge anpassen
Mit der allmählichen Aufnahme von fester Nahrung muss man auch schrittweise die Futterrationen erhöhen. Mitunter wird man überrascht sein, welch enorme Mengen an Nahrung ein größerer Wurf täglich vertilgt.

Das Absetzen der jungen Kaninchen kann nach etwa 6 Wochen erfolgen. Zu diesem Zeitpunkt ist der Darmtrakt soweit entwickelt, dass die Jungen keine Muttermilch mehr benötigen. Ein zeitigeres Absetzen sollte nur bei potentiellen Mastkaninchen erfolgen.

Dagegen ist es ratsam, Tiere, die man später für die Weiterzucht verwenden möchte, 1–2 Wochen länger an der mütterlichen „Milchquelle" zu belassen. Dieser längere Verbleib wirkt sich förderlich auf die weitere körperliche Entwicklung der Jungen aus.

Kaninchenpflege

Neben täglichen Begutachtungen des Allgemeinzustandes sowie wöchentlichen Fellkontrollen auf Milben, Flöhe und Zecken (bei der Inspektion die Ohren nicht vergessen) erweist sich bei den Kaninchen die Zahn- und Krallenpflege als sehr wichtig.

Falls einzelne Kaninchen ihre Krallen nicht so stark abgenutzt haben, dass sie Normallänge aufweisen, sollte ein Einkürzen mit einer im Fachhandel erhältlichen Spezialschere erfolgen. Am besten zieht man beim ersten Krallenschneiden einen erfahrenen Kaninchenhalter hinzu oder lässt sich das Ganze einmal zeigen. Wichtig ist vor allem, dass man beim Schneiden nicht „ins Leben" kommt, also die in den Krallen befindlichen Blutgefäße nicht verletzt. Am besten erkennt man die Blutgefäße, wenn man die Krallen gegen eine kräftige Lichtquelle hält.

Bereits bei den Jungtieren sollte eine Kontrolle der Zahnstellung erfolgen, denn es kommen immer wieder Exemplare mit einem angeborenen Hechtgebiss zur Welt. Dabei handelt es sich um eine Fehlstellung der Zähne, bei der aufgrund des zu weit nach vor stehenden Unterkiefers dessen Zähne über die des Oberkiefers ragen. Als Folge stellt sich ein enormes Wachstum der unteren Schneidenzähne ein, die kaum noch abgenutzt werden und irgendwann wie die Hauer bei männlichen Wildschweinen weit aus dem Maul hervortreten.

Bei Kaninchen mit einem Hechtgebiss fließt oftmals der Speichel aus dem Maul heraus.

Rückschneiden der Krallen

Außerdem zeigen diese Tiere Fressunlust und folglich schlechtere Lebendmassezunahmen. Zuweilen verlieren solche Kaninchen sogar Gewicht. Damit derartige Tiere wieder normal fressen können, ist ein regelmäßiges Rückschneiden der jeweiligen Schneidezähne durch den Tierarzt erforderlich. Außerdem sind solche Tiere generell von der Weiterzucht auszuschließen und nur als Mastkaninchen zu verwenden.

Des weiteren können Veränderungen am Gebiss auch durch länger andauernde, nicht kaninchengerechte Fütterung verursacht werden. Falls sich nämlich die Zähne aufgrund von unvorteilhaftem Futter (bspw. zu wenig/kein Heu, aber dafür reichlich feines Schrot) zu wenig abnutzen, entstehen Gebissveränderungen, die man fachmännisch als Malokklusionen bezeichnet. Nicht selten bilden sich dann scharfe Zahnspitzen sowie -haken aus. In solchen Situationen muss man den Tieren reichlich harte, faserreiche Nahrung anbieten und darauf hoffen, dass diese noch in einem genügend großen Umfang gefressen wird. Das ist die Voraussetzung, dass sich die Malokklusionen bis zum völligen Verschwinden abnutzen. Das Abschleifen durch einen Tierarzt ist vom ökonomischen Standpunkt aus wenig ratsam. Stattdessen dürfte es in den meisten Fällen sinnvoller sein, die betroffenen Kaninchen möglichst schnell zu schlachten.

Verwendung von Kaninchen

Kaninchenfleisch erfreut sich sowohl im gekochten als auch im gebratenen Zustand einer großen Beliebtheit.

Nicht wenige Hausfrauen legen die ausgeschlachteten Kaninchen bzw. deren Edelteile (Keulen, Rücken und die als Läufchen bezeichneten Vorderbeine) 1–2 Tage vor dem Braten in Buttermilch oder trockenen Rotwein ein. Dadurch erhält das Fleisch einen besonders delikaten Geschmack. Des Öfteren werden auch die Bauchlappen zu Minirouladen verarbeitet, in welche man die zuvor gut gesäuberten Nierchen der Kaninchen durchaus mit einrollen kann.

Eine weitere **Spezialität** ist **Kaninchenleberwurst**. Dafür benötigt man:

- 1 kg Kaninchenfleisch, z. B. von Bauchlappen, Brust, Läufchen und Kopf
- 2 kg fetten Schweinebauch
- 500 g Leber, vorzugsweise Kaninchenleber; ist nicht genügend davon vorhanden, wird ergänzend
- Schweineleber verwendet
- 70 g Kochsalz
- 8 g weißen, feingemahlenen Pfeffer
- 10 g getrockneten, fein gerebelten Majoran
- 2 g fein geriebene Muskatnuss

Das Fleisch wird zusammen mit dem in kleine Stücke geschnittenen Schweinebauch etwa 1,5 Stunden lang in 2 l Wasser gekocht. In einem anderen Topf köchelt man die klein geschnittenen Lebern etwa 25 Minuten. Danach nimmt man die Lebern sowie das Fleisch aus den Töpfen, lässt alles gut abtropfen und wolft das Ganze. Im Fleischwolf ist dafür die feinste Scheibe einzusetzen.

Die gewolfte Masse vermengt man mit den restlichen Zutaten und gibt unter ständigem Rühren so viel von dem Fleischkochwasser hinzu, bis die Masse eine breiige, jedoch noch nicht „breit laufende“ Konsistenz erreicht hat. Nun kann man die Leberwurstmasse entweder abkühlen lassen und danach verzehren oder man kocht sie ein. Zu diesem Zweck werden herkömmliche Einweckgläser nicht ganz bis zum

Rand mit der Masse gefüllt, dann verschlossen und für mindestens 2 Stunden in kochendes Wasser gestellt.

Die Felle der geschlachteten Kaninchen kann man auf einem so genannten Fellspanner trocknen lassen und anschließend für ein kleines Entgelt verkaufen. Außerdem besteht die Möglichkeit, dass diese durch einen professionellen Gerber haltbar gemacht werden. Danach kann man die Felle entweder selbst weiterverarbeiten, zum Beispiel zu warmen Decken zusammennähen, oder man lässt daraus von einem Kürschner Pelzbekleidung fertigen. Falls man Letzteres vorhat, ist die Haltung von Kaninchen einer Rasse bzw. eines Farbschlages äußerst ratsam. Denn wohl kaum jemand möchte mit einem Pelzmantel im Patchwork-Look herumlaufen, der aus den kunterbunten Fellen von zehn oder mehr Kaninchenrassen zusammengesetzt wurde.

Kurzportraits einiger Kaninchenrassen

Alaska

Abteilungszugehörigkeit: Mittelgroße Rasse
Rassetypisches Idealgewicht: 3,75–4 kg

Es handelt sich um eine rein schwarze Rasse mit gedrungenem Körper und relativ kurzen Ohren. Herausgezüchtet wurde diese Rasse in Gotha und nicht etwa in Nordamerika. Die Rassebezeichnung rührt daher, dass die Fellfärbung dieser Kaninchen der des Alaskafuchses ähnelt. Die Ställe dieser Rasse sollten keiner direkten Sonneneinstrahlung ausgesetzt sein, weil das Fell sonst einen kupferroten, auch als Rostanflug bezeichneten Schimmer bekommen kann.

Alaska

Blaue Wiener

Abteilungszugehörigkeit: Mittelgroße Rasse
Rassetypisches Idealgewicht: 4,25–5,25 kg

Diese Rasse entstand um 1890 in Wien. Die Tiere besitzen ein mittel- bis dunkelblaues (blaugraues) Fell mit feinem Glanz. Ähnlich wie bei der Rasse Alaska tritt bei zu intensiver Sonneneinstrahlung auch bei den Blauen Wienern des Öfteren Rostanflug auf. Schwarze, Weiße, Graue und Blaugraue Wiener sind keine Farbschläge des Blauen Wieners, sondern eigenständige Rassen.

Blaue Wiener

Deutsche Riesenschecken

Abteilungszugehörigkeit: Große Rasse
Rassetypisches Idealgewicht: mehr als 6 kg Rammler im Extremfall 10–11 kg

Die Grundfarbe ist weiß. Die Ohren, der über den Rücken verlaufende Aalstrich, Augenringe, Backenfleck und Seitenflecken sind entweder lackschwarz, blau oder havannafarben (dunkelbraun). Auch der Schmetterling hat diese Färbung. Dabei handelt es sich um eine Zeichnung, die das Maul sowie die Nasen umgibt und in ihrer Form einem Schmetterling ähnelt. Am besten erkennt am den Schmetterling, wenn man das Kaninchen von vorne anschaut.

Deutsche Riesenschecke

Deutsche Riesen

Abteilungszugehörigkeit: Große Rasse
Rassetypisches Idealgewicht: 5,5–7 kg

Rasse mit wuchtigem Kopf und dick wirkenden Ohren. Der Rumpf ist groß und gestreckt. Deutsche Riesen gibt es in mehreren Schlägen, deren Fell unterschiedlich grau oder hasenfarbig (bräunlicher Ton) sein kann. Zu den engsten Verwandten gehören die Weißen Riesen, bei denen es sich um Albinos mit den typisch roten Augen handelt.

Deutscher Riese

Englische Schecken

Abteilungszugehörigkeit: Kleine Rasse
Rassetypisches Idealgewicht: 2,5–3,25 kg

Die Körperzeichnung der Englischen Schecken ähnelt der von Deutschen Riesenschecken. Während sich aber bei der letztgenannten Rasse die Seitenflecken nur im Bereich von Hüften und Oberschenkeln befinden, beginnt das auch als Kette bezeichnete Punktmuster bei den Englischen Schecken bereits hinter den Ohren. Es erstreckt sich über die gesamte Flanke bis zum Oberschenkel. Es gibt Tiere mit rein schwarzem, blauem, braunem sowie schwarzbraunem Fleckenmuster.

Englischer Schecke

Großchinchilla

Abteilungszugehörigkeit: Mittelgroße Rasse
Rassetypisches Idealgewicht: 4–5,5 kg

Die Rassebezeichnung rührt daher, dass die Fellfärbung dieser Tiere an die von Chinchillas erinnert. Das Fell besteht aus bläulich schimmernden, hell-aschgrauen, schwarz-weißen und schwarzen Haaren, wodurch vielfältige Schattierungen entstehen. Großchinchillas zeichnen sich durch eine sehr hohe Fruchtbarkeit und ausgeglichene Wurfgrößen aus.

Großchinchilla

Große Marder

Abteilungszugehörigkeit: Mittelgroße Rasse
Rassetypisches Idealgewicht: 4–5 kg
Dabei handelt sich um eine sehr junge Rasse, die sich wie alle Marderkaninchen durch Spalterbigkeit auszeichnet, das bedeutet, dass der Nachwuchs gemäß dem 2. Mendel'schen Gesetz unterschiedliche Fellfärbungen hat. Dabei handelt es sich um 50 % normalfarbige Tiere, 25 % schwärzliche (so genannte Dunkelmarder) und 25 %, die ein russenfarbenes Aussehen (Färbung wie Russenkaninchen) haben.

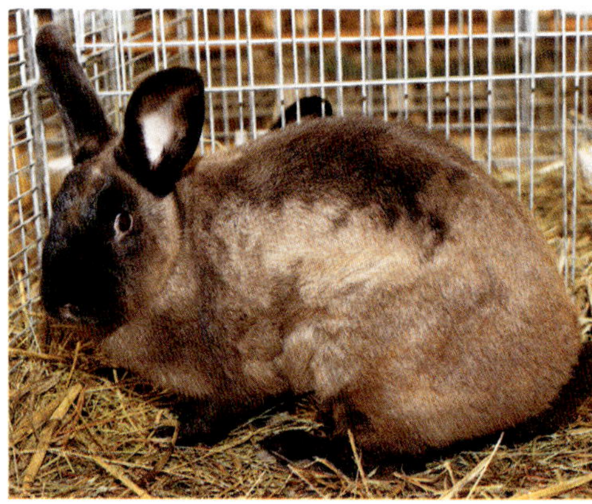

Großer Marder

Hasenkaninchen

Abteilungszugehörigkeit: Mittelgroße Rasse
Rassetypisches Idealgewicht: 3,75–4,25 kg

Diese Rasse hat einen gestreckten, sehr schlank wirkenden Körper, der stark an den des Hasen erinnert. Es handelt sich um eine sehr bewegungsfreudige Rasse, die sich besonders wohlfühlt, wenn sie zumindest zeitweilig in einem geräumigen Freigehege gehalten wird. Hasenkaninchen gibt es in den Farbschlägen weiß, hasenfarbig, havanna, lohfarbig (helles Rotbraun) und schwarz.

Helle Großsilber

Abteilungszugehörigkeit: Mittelgroße Rasse
Rassetypische Idealgewichte: 4–5,5 kg

Rasse mit kräftigem Kopf und relativ kurzen Ohren. Die Silberung des Fells entsteht durch das Zusammenspiel von hellgrauen und (deutlich weniger) schwarzen Haaren. Allerdings wächst den Jungtieren zunächst ein völlig schwarzes Fell, welches erst im Laufe der Zeit aussilbert. Helle Großsilber werden häufig gehalten, weil sie sich als eine sehr fruchtbare Rasse erwiesen haben.

Kleinchinchilla

Abteilungszugehörigkeit: Kleine Rasse
Rassetypisches Idealgewicht: 2,75–3,25 kg

Ihre Fellfärbung gleicht denen der Großchinchillas. Kleinchinchillas besitzen einen gedrungenen, walzenförmigen Körper und relativ kurze Ohren. Ein sehr markantes Merkmal stellen die dunkelbraunen Augen dar, die einen kräftigen Kontrast zur Fellfarbe darstellen und deshalb größer erscheinen, als sie eigentlich sind. Das erste Fellchen der Jungtiere ist blauschwarz und verfärbt sich erst mit der Zeit chinchillafarbig.

Kleinchinchilla

Kleinsilber

Abteilungszugehörigkeit: Kleine Rasse
Rassetypisches Idealgewicht: 2,5–3,25 kg

Es handelt sich dabei um eine aus England stammende Rasse, von der es mehrere Farbschläge, wie etwa Schwarz-Silber, Havanna-Silber, Gelb-Silber und Blau-Silber gibt. Die Silberung entsteht durch relativ wenig grauweiße Haare, die aus dem übrigen Fell ein wenig herausragen. Die Tiere haben eine kräftigen Körperbau und relativ kurze Ohren. Eine besondere Erwähnung verdient das lebhafte Temperament dieser Rasse.

Kleinsilber

Weißgrannen

Abteilungszugehörigkeit: Mittelgroße Rasse
Rassetypisches Idealgewicht: 3,5–3,75kg

Weißgrannen gibt es in Schwarz, Blau und Havannafarbig. Bei allen Farbschlägen sind der Bauch, die Innenseiten der Läufe, die Blumenunterseite, die Augenringe, die Ohrränder und das Kinnbackenfell weißlich. Die Tiere besitzen einen gedrungenen, walzenförmigen Körperbau. Ältere Häsinnen neigen gelegentlich dazu, eine Wamme (Hautfalte am Kinn) auszubilden, welche züchterisch absolut unerwünscht ist.

Weißgrannen

Kleinwidder

Abteilungszugehörigkeit: Kleine Rasse
Rassetypisches Idealgewicht: 3,0–3,5 kg

Das markanteste Merkmal aller Widderrassen sind ihre schlaff nach unten hängenden Ohren. Kleinwidder sind seit 1973 bekannt. Im Wesentlichen stellt der Kleinwidder eine „Miniausgabe“ des Deutschen Widders dar. Sie haben einen gedrungenen Körperbau und einen verhältnismäßig großen Kopf. Die Fellfärbung dieser Rasse, die auch sehr oft als Deutsche Kleinwidder bezeichnet wird, erstreckt sich über unterschiedliche Grautöne und mittelbraun bis zu Scheckvarianten.

Kleinwidder

Marburger Feh

Abteilungszugehörigkeit: Kleine Rasse
Rassetypisches Idealgewicht: 2,25–2,75 kg

Ihre Bezeichnung erhielt diese Rasse nach ihrem Entstehungsort, nämlich der Gegend um Marburg, und dem Fell des Sibirischen Eichhörnchens. Dessen Fell wird auch als Feh bezeichnet. Bei dieser Rasse ist ein kurzer, gedrungener Körper erwünscht.
Den Jungen wächst zunächst ein hellgraues Fell, welches erst zwischen der sechsten und achten Lebenswoche den für die Alttiere typischen, ganz schwachen Braunschimmer annimmt.

Marburger Feh

Mecklenburger Schecke

Abteilungszugehörigkeit: Mittelgroße Rasse
Rassetypische Idealgewichte: 4,5–5,5 kg
Hier handelt es sich um eine sehr junge Rasse, die erst um 1980 entstand. Die Tiere haben einen gedrungenen, walzenförmigen Körper und einen kräftigen Kopf. Die Ohren sind kurz und wirken fleischig. Während Brust, Bauch und Teile der Beine rein weiß sind, zeigt der restliche Körper eine andere Farbe. Diese Art des Scheckenmusters wird, im Unterscheid zu den Punkt- oder Plattenschecken, als Mantelschecke bezeichnet. Die Scheckung kann schwarz-weiß, blau-weiß, braun-weiß, grau-weiß oder rot-weiß sein.

Mecklenburger Schecke

Roter Neuseeländer

Abteilungszugehörigkeit: Mittelgroße Rasse
Rassetypisches Idealgewicht: 4–5 kg

Diese Rasse entstand nicht in Neuseeland, sondern in Kalifornien. Die Tiere haben ein einheitlich rotes (rotbraunes) Fell und einen walzenförmigen, leicht gestreckten Körper. Der Kopf ist kräftig und die Ohren sind relativ kurz. Trotz der ähnlichen Bezeichnung handelt es sich bei Weißen Neuseeländern nicht um einen Farbschlag, sondern um eine eigenständige Rasse. Weiße Neuseeländer wiegen zwar nicht mehr als die Roten, wirken aber gedrungener und muskulöser als diese.

Roter Neuseeländer

Russenkaninchen

Abteilungszugehörigkeit: Kleine Rasse
Rassetypische Idealgewichte: 2,0–2,25 kg

Die oft nur als Russen bezeichneten Russenkaninchen stammen nicht aus Russland, sondern aus England, wo sie um 1850 entstanden. Diese Rasse hat ein weißes Fell mit blauen oder schwarzen Ohren. Läufe, Blume (Schwanz) sowie Maul- und Nasenbereich sind genauso gefärbt. Ganz typisch sind für die Russen die roten Augen. Kalifornier haben die gleichen Zeichnungsmerkmale wie die Russen sind aber mit 4–5 kg deutlich schwerer. Außerdem ist das Fell dichter und von feinerer Struktur.

Russenkaninchen

Holländerkaninchen

Abteilungszugehörigkeit: Kleine Rasse
Rassetypisches Idealgewicht: 2,5–3,25 kg

Bei den Holländerkaninchen handelt es sich um Schecken mit symmetrischem Zeichnungsmuster. Diese umfasst die Ohren und mündet in zwei so genannten Kopfplatten die großflächig die Augen umschließen. Diese Färbung ist auch (mit Ausnahme der weißen Spitzen an den Hinterläufen) an der hinteren Körperhälfte vorhanden. Dadurch entsteht fast der Eindruck, als wären die Kaninchen mit Mütze, Hemd und Hose bekleidet. Holländerkaninchen gibt es in zahlreichen Farbschlägen, z. B. Schwarz-Weiß, Blau-Weiß, Braun-Weiß und Japanerfarbig (schwarz-gelb geringelt).

Holländerkaninchen

Minischweine

Schweinestall und Haltung

Vermehrung und Nachwuchs

Fütterung

Rassen und Verwendung

Schweine werden seit rund 9.000 Jahren als Haustiere gehalten, wobei ihre Domestikation vermutlich zeitgleich in mehreren Regionen Eurasiens erfolgte. Ein nachweislich gesichertes Zentrum dieser frühen Schweinehaltung war das Gebiet der heutigen Osttürkei. Als Stammformen dienten damals sehr wahrscheinlich mehrere Unterarten des Wildschweins (*Sus Scrofa*).

Sobald von Hausschweinen die Rede ist, denken die meisten Menschen an relativ große, schwere Tiere, die oftmals zwischen 150 und 225 kg wiegen. Aber es geht auch deutlich kleiner. Seit einigen Jahren haben

Vietnamesisches Hängebauchschwein

Der mopsartige Kopf der Vietnamesischen Hängebauchschweine weist zahlreiche Falten auf.

nämlich auch die so genannten Minischweine das Interesse vieler Kleintierhalter geweckt. Die klassischste Rasse unter diesen Minischweinen ist das Vietnamesische Hängebauchschwein, das auch häufig nur als Hängebauchschwein bezeichnet wird. Diese Rasse wird in Südostasien bereits seit mehreren Hundert, vielleicht sogar seit mehreren Tausend Jahren gehalten.

Vietnamesische Hängebauchschweine besitzen einen kurzen, walzenförmigen Rumpf und einen ungeringelten Schwanz. Ihr Kopf mit den kurzen Stehohren hat ein mopsartiges Aussehen und weist vor allem bei ausgewachsenen Exemplaren oft zahlreiche Hautfalten auf.

In diesen Hautfalten siedeln sich gern Parasiten an. Deshalb ist es bei der Haltung von Hängebauchschweinen ratsam, deren Hautfalten mindestens alle zwei Wochen einmal in Augenschein zu nehmen. Weitere typische Körpermerkmale der Hängebauchschweine sind ihr sattelartig eingesenkter Rücken sowie die im Verhältnis zum Rumpf grazil wirkenden Beine. Die als Eber bezeichneten männlichen Tiere können eine Schulterhöhe von etwa 50 cm sowie ein Gewicht von 65–70 kg erreichen. Im Unterschied dazu bleiben die Sauen rund 10 cm kleiner und wiegen höchstens 50–60 kg. Die Haut der Hängebauchschweine ist entweder einheitlich grauschwarz gefärbt oder weist eine schwarz-rosaweiße Scheckung auf.

Schweinestall und Haltung

An ihren Stall stellen sowohl Hängebauchschweine als auch andere Minischweinrassen weitgehend die gleichen Ansprüche wie große Rassen. Der einzige Unterschied besteht eigentlich darin, dass im Stall alles etwas kleiner sein kann. Es hat sich bewährt, wenn der Stall über eine oder mehrere Buchten verfügt, die für die Haltung von zwei erwachsenen Exemplaren oder einer ferkelführenden Sau mindestens eine Grundfläche von 2 x 2 m aufweisen sollten. Des Weiteren sind fest installierte Tröge für Futter und Wasser von Vorteil, welche die Schweine nicht in der Bucht herumschieben können, wenn sie der Spieltrieb überkommt. Ein häufiger Fehler bei der Haltung von Schweinen besteht darin, den Tieren zu wenig Einstreu (vorzugsweise Stroh oder Hobelspäne) anzubieten. Die Einstreu fungiert bei den Schweinen – genau wie bei den meisten anderen Nutztieren – als isolierende Schicht gegen die Fußbodenkälte sowie als Fläche, auf der sie ihre Exkremente absetzen. Außerdem können die Schweine – und das wird häufig unterschätzt – daran ihren Spiel- und Wühltrieb ausleben. Dadurch staut sich bei diesen Tieren viel weniger Energie auf, welche sie sonst des Öfteren in Form von Aggressionen an Artgenossen abreagieren. Letztlich stärkt eine reichlich bemessene Einstreumenge das Sicherheitsgefühl bei den Schweinen. Beispielsweise schieben sich ferkelführende Sauen gern in eine dicke Strohlage hinein. Damit ahmen sie eine Verhaltensweise nach, die noch von ihren wilden Vorfahren herrührt. In der freien Natur zeigen nämlich Bachen ein analoges Verhalten, wenn sie sich in ihren Wurfkessel einschieben.

Wie alle Schweine sind auch die „Minis" sehr reinliche Tiere, vorausgesetzt, man gibt ihnen die Möglichkeit dazu. In einer genügend großen Bucht verunreinigen diese Tiere niemals ihren Schlaf- beziehungsweise Ruheplatz mit Exkrementen, sondern wählen dafür immer einen separaten Bereich aus. Wichtig ist, in diesem Kot-Harn-Bereich möglichst oft, mindestens jedoch einmal pro Woche, die gebrauchte Einstreu durch frische zu ersetzen. Das restliche Stroh kann man durchaus 4–5 Wochen im Stall belassen. Man sollte den Tieren lediglich jede Woche ein wenig frisches, vorzugsweise aufgelockertes Stroh dazugeben, an dem sie ihre Neugier befriedigen und es außerdem zum Bau ihres Schlafbereiches nutzen können. Eine ganz besondere Wohltat ist es für alle Schweine, wenn in ihrer Bucht, ähnlich wie in einem vorbildlichen Ziegenstall, Kratzbürsten angebracht sind, an denen sie ihre Körper jederzeit nach Belieben scheuern können.

Mitunter tritt auch bei Minischweinen das Phänomen des Protesturinierens auf, wobei sie oft ihre gesamte Bucht verschmutzen. Dieses Protesturinieren ist fast immer ein Anzeichen dafür, dass die Schweine mit irgendetwas, beispielsweise einer Veränderung im Stall oder in der Bucht, nicht einverstanden sind.

Während sich erwachsene Eber durchaus allein in einer Bucht sehr wohlfühlen, benötigen Ferkel, Läufer (das sind die halbwüchsigen Tiere) sowie Sauen die Gemeinschaft von Artgenossen. Aus diesem Grund sollte man mindestens immer zwei dieser Tiere in einer Bucht halten.

Auslauf und Weide

Schweine mögen es sehr, wenn ihnen im Zeitraum zwischen April und November ein Auslauf zur Verfügung steht. Allerdings sollte das keine gepflegte Wiese oder Weide sein, die man in ihrer Optik erhalten möchte. Zu den typischen Verhaltensweisen von Schweinen gehört es nämlich, ausgiebig im Boden nach Würmern, Mäusen, Engerlingen und saftigen Wurzeln zu suchen. Dabei setzen die Schweine der Fläche oftmals arg zu, indem sie mit ihrer rüsselartigen Schnauze sowie den Eckzähnen an

Im Morast fühlen sich Hängebauchschweine ausgesprochen wohl.

zahlreichen Stellen die Grasnarbe „umpflügen“. Ähnlich wie im Stall sollten auch auf der Weide Scheuerbürsten vorhanden sein, die man beispielsweise an einem stabilen Pfahl anbringen kann. Des Weiteren müssen die Tiere auch auf der Weide ständig uneingeschränkten Zugang zum Tränkwasser haben. Falls sich die Schweine von der Weide nicht direkt in den Stall begeben können, darf eine luftige Schutzhütte nicht fehlen, in der sich stets trockene Einstreu befinden sollte. Außerdem empfinden es alle Schweine als „das Paradies auf Erden“, wenn im Auslauf eine morastig-sumpfige Stelle vorhanden ist, in der sie sich an heißen Tagen suhlen können und Abkühlung finden.

Gleichzeitig tötet der Schlamm, der dabei auf ihre Haut gelangt, Außenparasiten, wie Zecken oder Flöhe, ab.

Vermehrung und Nachwuchs

Die Geschlechtsreife tritt bei den Vietnamesischen Hängebauchschweinen sowie bei anderen Minischweinerassen zumeist zwischen dem 4. und 8. Lebensmonat ein: Allerdings sollte man sie nicht vor dem 10. Lebensmonat zur Zucht einsetzen. Genau wie die „normal großen“ Rassen werden die Sauen der Minischweine in Abständen von 21 Tagen brünstig. Die Brunst, auch als Rausche bezeichnet, dauert 24 bis 36 Stunden. Am Anfang der Brunst rötet sich die Scham und die meisten Sauen werden dann nicht nur unruhiger, sondern nehmen in den folgenden Tagen auch weniger Futter auf. Des Weiteren tritt aus der Scheide der so genannte Brunstschleim aus, bei dem es sich um eine zähe Flüssigkeit handelt. Im Stadium der Hochrausche ist außerdem immer der Duldungsreflex vorhanden. Dazu muss man nur der Sau auf ihr Hinterteil drücken und sie bleibt sofort stehen, ist also für den Sprung des Ebers bereit. Im Unterschied zu den Sauen sind die Eber jederzeit deckbereit.

Nach einer Trächtigkeitsdauer von 112–114 Tagen (volkstümlich wird auch gern gesagt, dass die Trächtigkeit bei Schweinen drei Monate, drei Wochen und drei Tage dauert) gebären die Minischweinsauen zumeist 5–7 Ferkel (im Extremfall können es aber auch bis zu 12 sein).

Eisenmangel bei Ferkeln vermeiden

Bei jungen Ferkeln stellt sich oft Eisenmangel ein. Um das zu verhindern, kann man ihnen vom Tierarzt eine so genannte Eisenspritze geben lassen. Eine andere Methode zur Vermeidung von Eisenmangel, die sich schon seit Jahrzehnten bewährt hat, besteht darin, ein oder zwei große Grasbüschel mit den Wurzelballen auszustechen. An diesen Wurzelballen muss sich noch reichlich Erde befinden, die fast immer einen hohen Eisengehalt aufweist. Die Grasbüschel legt man in die Bucht, in der sich die Ferkel befinden. Letztere fressen dann des Öfteren am Erdreich herum und nehmen dabei in aller Regel genügend Eisen mit auf.

© FK-Lichtbilder – Fotolia.com

Hängebauchschwein mit Ferkeln

Fütterung

Minischweine werden mit den gleichen Futtermitteln wie ihre großwüchsigen Verwandten ernährt. Zu den schweinetypischen Futtermitteln gehören vor allem gedämpfte Kartoffeln, geschrotetes Getreide (am besten in Form eines Breis anbieten, der mit lauwarmem Wasser angerührt wurde), Rüben, Möhren, Luzerne, Klee, fein gehackte Brennnesseln sowie Disteln, Kernfallobst und alle Arten von nicht verdorbenen Küchenabfällen. Gefüttert wird zweimal täglich, am besten morgens und in den frühen Nachmittagsstunden.

Unter den Minis neigen insbesondere die Hängebauchschweine zur schnellen Verfettung. Aus diesem Grund sollte man ihnen sehr kalorienreiches Futter, insbesondere Kartoffen und Getreideschrot, immer etwas verhaltener anbieten.

Rassen und Verwendung

Neben den Hängebauchschweinen erfreuen sich auch andere Minirassen allmählich einer zunehmenden Beliebtheit. Größtenteils werden die Minis als reine Hobbytiere gehalten, aber gelegentlich auch zur Fleischgewinnung. Hinsichtlich ihrer Fleischqualität stehen nämlich die Hängebauchschweine und die anderen Minirassen den normal großen Schweinen in Nichts nach. Zu den schon häufiger in Mitteleuropa gehaltenen Minirassen gehören beispielsweise die Göttinger Minischweine, Münchner Miniaturschweine und Wiesenauer Miniaturschweine.

Göttinger Minischweine sind nach dem Hängebauchschwein die beliebteste Minirasse. Sie sind aus Kreuzungen zwischen Minnesota Minipigs, Vietnamesischen Hängebauchschweinen und der Deutschen Landrasse hervorgegangen: Göttinger Minischweine wachsen relativ langsam und erreichen zumeist Endgewichte von 40–55 kg. Ihre Färbung kann von Rosaweißlich über schwarz-weiße Scheckungen bis zu rein Schwarz variieren.

Die **Münchner Miniaturschweine** erreichen häufig Endgewichte von 60 kg. Sie besitzen ein braunes Fell und dünnere Borsten als andere Minirassen. Im Vergleich zum Göttinger Minischwein sind ihre Körper etwas schmaler aber dafür höher.

Im Unterschied zu den beiden vorab beschriebenen Rassen sind **Wiesenauer Miniaturschweine** deutlich kleiner. Sie erreichen zumeist nur Gewichte von 20–25 kg (in Ausnahmefällen auch von 35–40 kg). Die Färbung dieser sehr robusten Rasse kann von einfarbig Schwarz und Weiß bis zu allerlei Scheckungen variieren, wobei bei letzteren auch häufig Brauntöne mit vorhanden sind.

Göttinger Minischwein, gescheckt

Einfarbige Göttinger Minischweine

Esel

Seine Vorfahren beschritten steinige Wege

Die Hausesel stammen vom Afrikanischen Wildesel (*Equus asinus*) ab, dessen einstiges Verbreitungsgebiet sich vom heutigen Marokko bis nach Somalia und in den Iran erstreckte.

Dabei handelt es sich zumeist um steinreiche Wüsten- und Halbwüstenregionen mit einer kargen Vegetation.

Vor etwa 4.000–4.500 Jahren begann die Domestikation des Esels im alten Ägypten. Entlang des fruchtbaren Nildeltas waren Städte und Dörfer entstanden, in denen eine rege Betriebsamkeit herrschte und der Handel blühte. Für zahlreiche schwere Arbeiten suchten die Menschen

Afrikanischer Wildesel

nach einer kräftigen Hilfe und fanden diese in dem Esel, der fortan als Zug- und Reittier sowie zum Tragen von Lasten verwendet wurde.

Inzwischen werden Esel – zumindest in Mitteleuropa – vorwiegend als Hobbytiere gehalten. Dabei dienen sie des Öfteren als Spielkameraden sowie Reittiere für Kinder oder zum Ziehen kleiner Wagen. Lasten müssen sie aber fast nirgendwo mehr tragen.

Das ungerechtfertigte Negativ-Klischee des Esels

In Mitteleuropa leiden Esel schon seit Jahrhunderten unter einem Negativ-Klischee, gegen das sie vielerorts auch in der Gegenwart noch ankämpfen müssen. So hält sich noch immer hartnäckig die Meinung, dass Esel einfältig, faul und sehr störrisch wären. Zu dieser irrigen Meinung trugen leider auch zahlreiche Märchen und Sagen bei, welche dem Esel diese Eigenschaften andichteten. Außerdem wurden Esel in der Vergangenheit oft nicht artgerecht gehalten und ihre Verhaltensweisen gleichzeitig falsch interpretiert.

Als die ersten Hausesel vor über 2.000 Jahren nach Mitteleuropa gelangten, mussten sie sich nicht nur an die neuen klimatischen Bedingungen gewöhnen, sondern sie fanden teilweise auch völlig andere Bodenbedingungen vor als in ihrer bisherigen Heimat.

Während der Boden dort meist nur steinig, trocken und sehr fest war, erwies sich dieser in

Hausesel in Kenia, wo der Boden hart und trocken ist

vielen Regionen Mitteleuropas relativ weich und feucht. Diese Bodenbedingungen führten häufig dazu, dass Risse und Löcher in den Hufen der Esel entstanden, die eitrige, schmerzende Huferkrankungen nach sich zogen. Jede Bewegung, die die betroffenen Esel ausführten, trug zu einer Verstärkung der Schmerzen bei, weshalb diese Tiere dann häufig das Laufen verweigerten. Auch ein – nicht selten mit Schlägen und Fußtritten verbundenes Anbrüllen – half zumeist nicht. Die armen Kreaturen ertrugen derartige Schindereien oft ohne Gegenwehr. Erschwerend kam hinzu, dass es sich bei Eseln nicht um so genannte Fluchttiere handelt. Anders als Pferde, die bei einer Gefahr im wilden Galopp davonlaufen, bleiben Esel, die keine sonderlich schnellen Läufer sind, in vielen Fällen einfach stehen und lassen die Situation über sich ergehen.

Werden Esel jedoch richtig und vor allem mit der nötigen Tierliebe gepflegt, erweisen sie sich keinesfalls als dumm, störrisch und faul. Im Gegenteil, sie zeichnen sich dann eher durch eine größere Gelehrigkeit als Pferde aus und sind darüber hinaus sehr arbeitswillig und neugierig. Zudem verhalten sie sich gegenüber vertrauten Personen sehr anhänglich. Es ist also bei der Haltung von Eseln enorm wichtig, immer auf die Hufgesundheit zu achten. Im Übrigen besitzen ihre Hufe keinen Spalt, wie die Klauen von Schafen und Ziegen, weshalb die Esel auch nicht zur Ordnung der Paar-, sondern der Einhufer gehören.

Grand-Noir-du-Berry-Esel

Thüringer Waldesel

Ein Spektrum von Zwergen bis Riesen

Während bei allen anderen Haustieren, die auf eine ähnliche lange Domestikationsgeschichte zurückblicken können, großer Wert auf Rassezuchten gelegt wurde, war das beim Esel nie der Fall. Das bedeutet allerdings nicht, dass es von Eseln keine Rassen gibt. Stellvertretend seien nur der Poitou-Esel, der Thüringer Waldesel, der Katalanische Riesenesel, der Martina-Franca-Esel, der Grand-Noir-du-Berry-Esel sowie der American Mammoth Jackstock genannt.

Aber trotz dieser Tatsache gehören rund 99 % aller Esel keiner Rasse an.

Esel unterscheiden sich oftmals nicht nur in ihrer Körpergröße sowie -masse, sondern auch in Fellfärbung und -länge. So existieren neben den klassischen grauen Exemplaren auch weiße, braune, schwarze und gescheckte Tiere, wobei letztere sehr selten vorkommen. Bei zahlreichen Eseln verläuft vom Hals bis zur Schwanzwurzel ein breiter schwärzlicher Streifen, den man als Aalstrich bezeichnet. Des Weiteren ist sehr oft ein so genanntes Schulterkreuz vorhanden. Dabei handelt es sich um zwei schwärzliche Streifen, die am hinteren Ende der Mähne beginnen und sich bis zur Schulter hinunterziehen. Viele Esel besitzen auch weißliche Augenringe sowie ein ähnlich gefärbtes Maul (man spricht auch vom Mehlmaul) und einen hellen Bauchbereich.

Bei manchen Tieren ist an den Beinen sogar noch ein Ringelmuster vorhanden, das ein wenig an das der Zebras erinnert (siehe Abb. Seite 85). Dieses Ringelmuster ist ein Relikt, welches für die einstigen wilden Vorfahren der Hausesel typisch war, und wird Zebrierung genannt.

Um bei dieser Mannigfaltigkeit ein wenig Systematik in die Hausesel zu bekommen, werden sie oftmals auf der Basis ihrer Widerristhöhe in folgende Gruppen unterteilt:

Zugehörigkeit	Widerristhöhe
Zwergesel	bis 100 cm
Normalesel	bis 130 cm
Großesel	ab 131 cm

Der Widerrist wird auch als Stockmaß bezeichnet

Unter dem Widerrist versteht man die Stelle, an welcher der Hals in den Rücken übergeht. Manchmal wird der Widerrist auch als Kör- oder Stockmaß bezeichnet, was darauf zurückzuführen ist, dass schon in frühen Zeiten die Größe der Tiere an dieser Stelle mit einer Messlatte ermittelt wurde.

In die Gruppe der Zwergesel sind auch die Miniaturesel integriert. Diese Tiere werden relativ häufig in Nordamerika gehalten, wo sogar eine Spezialregistrierung für sie existiert. Entsprechend dieser Registrierung sind Miniaturesel, die eine maximale Widerristhöhe von nicht mehr als 91 cm aufweisen, der Class A, zugeordnet, während Exemplare bis 96 cm zur Class B gehören.

Junger Poitou-Esel

Österreichisch-ungarischer Albinoesel

Anatomische und physiologische Grundlagen der Eselernährung

Esel besitzen ein kräftiges Gebiss, mit welchem sie die Nahrung nicht nur abbeißen, sondern auch stark zerkleinern können. Deshalb kann man am Abnutzungsgrad der Zähne erwachsener Esel feststellen, ob es sich bereits um ein älteres Tier handelt. Außerdem speicheln sie beim Fressen das in der Maulhöhle befindliche Futter derart intensiv ein, dass dieses eine hervorragende Gleitfähigkeit erhält und anschließend die Speiseröhre problemlos passiert. An die Speiseröhre schließt sich der Magen an. Dieser besteht im Unterschied zu den Wiederkäuern nicht aus mehreren Kammern (Teilmägen), sondern nur aus einer.

Deshalb spricht man beim Esel auch von einem einhöhligen Magen. Zu den wichtigsten Funktionen des Magens gehört es, den Futterbrei mit Magensaft anzusäuern und den darin befindlichen Zucker sowie die Stärke unter tatkräftiger Hilfe von Bakterien zu zerlegen. Dieses Ansäuern unterdrückt weitgehend Gärprozesse, wodurch der Futterbrei optimal für die folgenden Verdauungsschritte vorbereitet wird. Im Dünndarm, der sich an den Magen anschließt, erfolgt die Verdauung und Resorbierung der Kohlenhydrate, Eiweiße und Fette. Die schwer verdaulichen rohfaserreichen Bestandteile, bspw. aus Heu, Stroh und Zweigen, werden anschließend weitgehend „unbearbeitet" in den Dickdarm geleitet, welcher aus dem Blinddarm, dem Grimmdarm mit seinen beiden kammerartigen Teilen und dem Mastdarm besteht. Im Blinddarm und in den beiden Abschnitten des Grimmdarms haben sich Unmengen von Bakterien und Mirkoorganismen angesiedelt, die Zellulose sowie zahlreiche andere schwer verdauliche Bestandteile des Futterbreis zerlegen. Diesbezüglich laufen im Dickdarm des Esels ähnliche Umsetzungsprozesse ab wie im Pansen der Wiederkäuer. Nachdem der größte Teil der noch verwertbaren Substanzen im Grimmdarm resorbiert wurde, erfolgt ein Weitertransport der Reste des Futterbreis in den Mastdarm. Dieser entzieht den Resten viel Wasser und formt dabei den kugelähnlichen Kot (im Volksmund als Pferdeäpfel bezeichnet).

Verdauungstrakt Esel

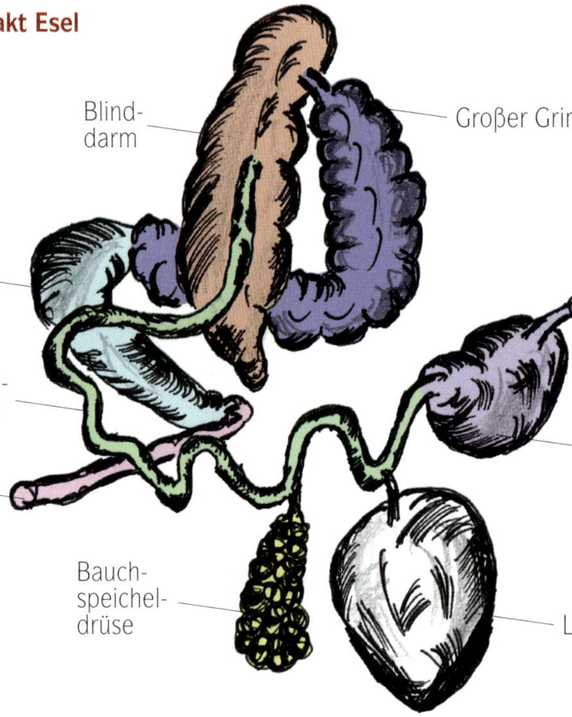

Viel Leistung aus kargem Futter

In ihren einstigen Heimatgebieten verbrachten die Vorfahren der Hausesel sehr viel Zeit mit der Nahrungssuche und dem Fressen. Die Nahrung war karg und zu einem großen Teil sehr rohfaserreich. Aber genau darauf hatte sich das Verdauungssystem der Hauseselvorfahren in dem langen Prozess der Evolution spezialisiert. Auch im Verlauf der Domestikation des Esels veränderte sich im Wesentlichen nichts am Aufbau und der Funktionsweise des Verdauungstraktes. Diesen Aspekt gilt es bei der Fütterung zu berücksichtigen.

Deshalb stellt Heu das wichtigste Futter für den Esel dar. Es fördert die Speichelproduktion und wirkt aufgrund seines Rohfaseranteils aktivierend auf die Darmtätigkeit. Darüber hinaus dient es zur Beschäftigung der Esel, die häufig das Bedürfnis haben, an etwas herumzuknabbern.

Ganz pauschal kann man sagen, dass nicht trächtige Esel pro 100 kg Körpermasse täglich etwa 1–1,5 kg Heu als Grundration benötigen. Des Weiteren sollte man den Eseln auch immer etwas Stroh (300 g/100 kg Körpermasse) mit in die Raufe geben, das zwar weniger gehaltvoll ist als Heu, aber die Tiere knabbern es trotzdem gern. Junger frischer Wiesenschnitt, der aus Gras, Leguminosen und Kräuter besteht, darf trotz der Tatsache, dass ihn die Esel als ausgesprochen schmackhaft empfinden, nur in kleinen Mengen oder mit Stroh und Heu vermischt verfüttert werden. Der junge Wiesenschnitt enthält nämlich nur einen geringen Rohfaseranteil und kann deshalb zu Verdauungsschwierigkeiten führen. Hinzu kommt, dass die Esel scheinbar keine „Fressbremse“ haben. Falls etwas besonders gut schmeckt und diese Nahrung in unbegrenztem Umfang zur Verfügung steht, dann stopfen sie sich damit extrem voll. Ein sehr gutes, rohfaserreiches und gleichzeitig recht kalorienarmes Futter stellen junge Zweige, vorzugsweise von Linde, Pappel, Birke, Hasel und Weide, dar.

Hin und wieder kann man auch die Zweige von Obstgehölzen anbieten. Völlig ungeeignet sind dagegen Eichen- Buchen- und vor allem Eibenzweige, deren Verzehr schwere Erkrankungen hervorruft oder sogar tödlich endet. Diesbezüglich besteht ein Problem bei den Eseln, da sie kein „inneres Warnsystem für Giftpflanzen“ besitzen und diese ebenfalls fressen.

Eine kleine Menge Getreide, am besten gequetschte Gersten- oder Haferkörner, von täglich höchstens 200 g sollten nur Esel erhalten, die entweder Fohlen führen, durch Krankheit geschwächt wurden, sich im Wachstum befinden oder körperlich durch schwere Arbeit beansprucht werden. Dabei bietet man den Tieren zuerst Heu und/oder Stroh an und verfüttert das Getreide möglichst 1–2 Stunden danach. Ein- bis zweimal pro Woche kann man die Futterration durch Äpfel, Möhren und kleinere Stücke hartes Brot aufwerten. Von den Äpfeln und Möhren sollte man jeweils eine(n) pro 100 kg Körpermasse veranschlagen.

Es hat sich als günstig erwiesen, wenn die Esel ihre täglichen Futterrationen in mehreren kleinen Portionen erhalten. Zum einen „vermatschen“ sie dann weniger Futter und zum anderen sind sie dadurch länger beschäftigt. Falls die Fütterung zu reichhaltig ist, setzen die Esel allmählich Fett an. Die entstandenen Fettpolster lassen sich dann am Hals und auf den Rippen ertasten. In derartigen Fällen muss eine Reduzierung der Futtermengen um 15–20 % erfolgen. Man sollte allerdings nicht den Fehler begehen und diese Exemplare von einem Tag auf den anderen auf eine annähernde Nulldiät setzen. Eine solche abrupte Umstellung würde nämlich eine enorme Belastung für den Kreislauf der Tiere darstellen.

Um eine ständig ausreichende Versorgung der Esel mit Salzen und Mineralien zu gewährleisten, dürfen weder auf der Weide noch im Stall Salzlecksteine fehlen, zu denen die Tiere jederzeit Zugang haben müssen. Zur weiteren Mineralstoffversorgung empfiehlt sich eine Mischung für robuste Pferde, welche im Fachhandel erhältlich ist. Für die Dosierung liegt diesen Packungen oft ein Messlöffel bei, so dass man, bezogen auf das Gewicht des Esels, die optimale Menge anbieten kann.

Birkenzweige eignen sich gut zur Verfütterung an Esel.

© Martina Berg – Fotolia.com

Damit sich Esel wohlfühlen, ist es erforderlich, dass sie sowohl auf der Weide als auch im Stall stets Zugang zu frischem, sauberem Wasser haben. Die Wassermenge, die ein Tier säuft, hängt von verschiedenen Faktoren ab, wie etwa von der vorherrschenden Temperatur, der Arbeitsleistung und ob die Stuten gerade Fohlen säugen. Als Faustregel kann man sich aber merken, dass die täglich aufgenommene Wassermenge pro 100 kg Lebendgewicht zumeist 4–10 l beträgt.

Esel müssen stets Zugang zu frischem, sauberem Wasser haben

Esel im Stall und auf der Weide

Am wohlsten fühlen sich Esel, wenn sie in Gruppen bzw. kleinen Herden gehalten werden. Dieses Zusammensein mit Artgenossen entspricht ihrem Naturell.

Nun wird es allerdings, schon aus Gründen der Futterbereitstellung, nicht jedem Halter möglich sein, eine größere Anzahl dieser Tiere zu pflegen. Aber zwei Exemplare sollten es schon sein.

Dabei ist eine anbindefreie Haltungsform zu bevorzugen, bei der man für jedes Tier eine Mindeststallfläche von 5–9 m^2 (in Abhängigkeit davon, ob es sich um Zwergesel oder größere Tiere handelt) veranschlagt. Der Stall sollte mit ein oder zwei Fenstern ausgestattet sein und eine Höhe von nicht weniger als 2,00 m aufweisen. Dadurch ist unter anderem gewährleistet, dass man bei auszuführenden Pflegearbeiten bequem darin stehen und hantieren kann. Für den Stallboden haben sich rutschfeste, wasserundurchlässige Materialien, allen voran Beton und Gussasphalt, bewährt.

Zur Stallgrundausstattung gehört eine Futterraufe, an der alle Tiere gleichzeitig stehen

Esel fühlen sich in Gesellschaft von Artgenossen am wohlsten.

Schematische Darstellung einer Koppel für Esel

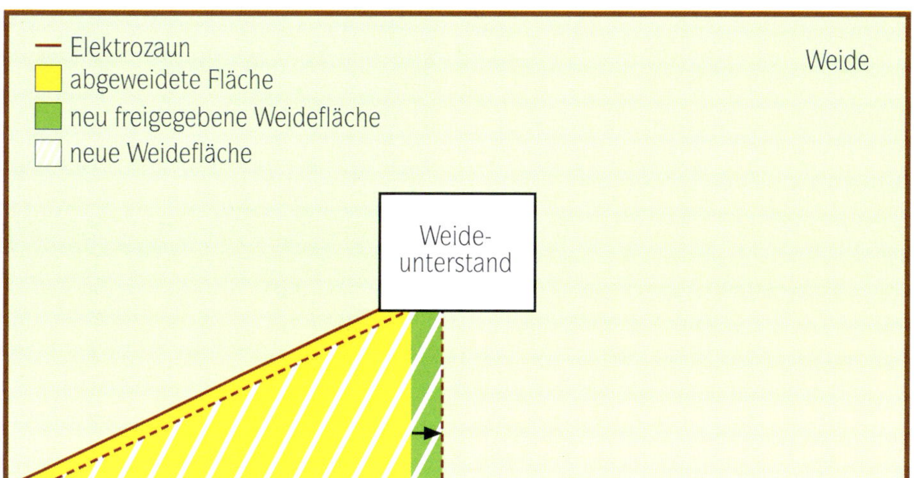

Wanderung der Weidefläche am zweiten Tag: Der Weidezaun wurde um eine bestimmte Flächengröße (grün) nach vorn versetzt. Gleichzeitig erfolgte ein Nachrücken der hinteren Begrenzung um etwa dieselbe Flächengröße.

können, ohne sich dabei zu bedrängen, sowie ein großvolumiger Wassertrog oder ein Selbsttränkebecken mit automatisch nachfließendem Wasser.

Falls sich einzelne Tiere einmal aus dem Weg gehen wollen, sind Holzwände, die als Sichtbarrieren fungieren, von Vorteil. Dabei hat es sich als günstig erwiesen, wenn diese Bretterwände so in den Raum gebaut wurden, dass sie sich mit Hilfe von zwei einhängbaren Türen schnell zu einer Box umwandeln lassen.

Letztere kann bspw. als zeitweiliges Krankenrevier oder als Geburtsraum dienen.

Als Einstreu eignen sich sowohl eine kräftige Lage Stroh als auch grobe Hobelspäne.

Holzkante verkleiden
Weil die Esel das häufige Bedürfnis haben, an etwas herumzuknabbern und dabei auch vor Holz nicht Halt machen, sondern diesem sogar oftmals mit ihren kräftigen Zähnen arg zusetzen, ist es ratsam, größere Kanten (bspw. an den Sichtbarrieren) mit metallenen Winkelschienen zu verkleiden.

Die meisten Halter möchten ihren Esel von April bis Mitte/Ende Oktober eine Weidehaltung ermöglichen. Dafür sind pro Normalesel etwa 1.500–2.000 m² zumeist völlig ausreichend. In diesem Zusammenhang hat es sich auch als günstig erweisen, wenn man größere Koppeln mittels eines Elektro- oder Knotengitterzauns in kleine Parzellen aufteilt.

Sobald das erste Grün sprießt, legt man den Eseln im Stall kräftig Heu oder Stroh vor. Nachdem die Esel dieses gefressen haben, lässt man sie am ersten Tag etwa eine halbe Stunde lang draußen grasen. Dadurch wird gewährleistet, dass sich die Tiere nicht an dem frischen Grün überfressen und Verdauungsprobleme bekommen. Die Weidezeiten dehnt man täglich immer ein wenig mehr aus. Nach zwei bis drei Wochen können die Esel dann dauerhaft auf der Weide bleiben. Als Weideform hat sich die so genannte Wanderweide am besten bewährt. Dabei wird der Weidezaun täglich um ein Stück nach vorn versetzt, wodurch den Tieren immer frisches Futter zu Verfügung steht. Gleichzeitig verkleinert man die Weide von hinten um eine etwa gleich große Fläche. Auf diese Weise erhalten die abgeweideten Bereiche die Möglichkeit, sich zu regenerieren.

Als Witterungsschutz genügt auf der Weide ein einfacher überdachter, luftiger Holzunterstand. Ideal ist es, wenn sich dieser in der Mitte der Weidefläche befindet und man die Wanderweide um ihn „herumlaufen" lässt (siehe hierzu Skizze, S. 93).

Weil Esel Giftpflanzen nicht erkennen, ist es notwendig, diese vor der Beweidung der Flächen auszustechen bzw. mittels der Zaunführung auszugrenzen. Zu den giftigen Pflanzen gehören die im Volksmund fälschlicherweise

Echtes Johanniskraut sollte auf der Eselweide genauso ausgestochen werden wie Kreuzkrautarten.

Beispiel für einen Eselstall

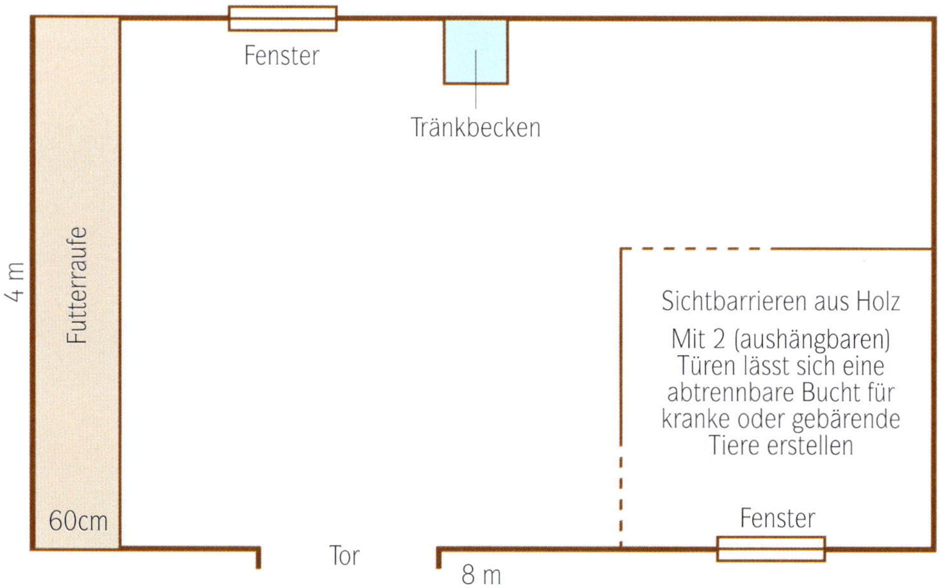

oft als Akazie bezeichnete Robinie (*Robinia pseudoacacia*), Hahnenfußarten (*Ranunculus* spec.), Johanniskraut (*Hypericum perforatum*), Gefleckter Schierling (*Conium maculatum*), Adonisröschen (*Adonis* spec.), Herbstzeitlose (*Colchicum autumnale*), Blauer Eisenhut (*Aconitum napellus*), Pfaffenhütchen (*Euonymus europeaus*), Liguster (*Ligustrum vulgare*), Ackerschachtelhalm (*Equisetum arvense*), Buschwindröschen (*Anemonse nemorosa*), sowie sämtliche Kreuzkrautarten (auch Greiskräuter genannt, *Senecio* spec.).

Vermehrung und Nachwuchs

Obwohl die Eselhengste bereits im Alter von 6–9 Monaten zeugungsfähig sind und bei den Stuten die Geschlechtsreife nach ca. 1 Jahr eintritt, sollte man die Tiere dann noch nicht zur Vermehrung verwenden. Stattdessen hat es sich bewährt, die Stuten frühestens im Alter von 3 Jahren zum Decken zuzulassen und die Hengste mit 2 Jahren zur Paarung einzusetzen. Eselstuten sind ganzjährig brünstig. In Intervallen von jeweils 21 bis 28 Tagen erfolgen bei ihnen die Eisprünge. Letztere gehen mit einem speziellen Verhalten einher, das als Rossigkeit oder Rosse bezeichnet wird. Die Stuten setzen während der Rosse vermehrt Harn ab, öffnen und schließen häufig ihre Schamlippen (was der Fachmann „Blitzen“ nennt) und suchen den Kontakt zum Hengst.

Der eigentlichen Paarung geht eine wilde Jagd voraus, bei welcher der Hengst die oft nach hinten ausschlagende Stute vor sich her

Eselstute mit Fohlen

© OmiKa – Fotolia.com

treibt. Nach einiger Zeit bleibt diese stehen, damit der Hengst zur Paarung aufspringen kann. War die Paarung erfolgreich, schließt sich die Trächtigkeitsphase an, deren Dauer bei Eseln zwischen 11 und 13 Monaten schwankt. Danach bringt die Stute ein Fohlen (zwei oder drei Junge sind die absoluten Ausnahmen) zur Welt, bei dem es sich um ganz klassische Nestflüchter handelt.

Bereits wenige Minuten nach der Geburt unternimmt das Fohlen erste Aufstehversuche und 1–2 Stunden später folgt es bereits der Mutter überall hin. Wie bei allen Säugetieren ist es auch für das Eselfohlen wichtig, so schnell wie möglich an das mütterliche Euter zu gelangen, um die wertvolle Kolostralmilch aufnehmen. Diese enthält unter anderem Antikörper, welchen den kleinen Esel vor zahlreichen Krankheiten schützen und gleichzeitig sein Immunsystem stärken. Außerdem ist es völlig normal, dass das Fohlen in den ersten Lebenstagen kleinere Mengen des mütterlichen Kotes frisst. Der Kot hilft dem Jungen eine Darmbakterienflora aufzubauen. Ab dem siebenten Lebenstag beginnen die Fohlen, neben der Muttermilch auch schon geringe Mengen an festen Nahrungskomponenten aufzunehmen.

Das Absetzen
Eselfohlen sollten möglichst erst nach 1 Jahr von der Mutter abgesetzt werden. Durch das lange Verbleiben bei der Mutter bestehen für das Fohlen beste Voraussetzungen für eine normale physische und psychische Entwicklung.

Pflege und Nutzung von Eseln

Ob Esel einen Hufschutz, bspw. in Form von Hufeisen oder Klebebeschlägen, benötigen, hängt hauptsächlich davon ab, wie man die Tiere verwenden möchte. Falls beabsichtigt ist, sie häufig zu Arbeiten auf Straßen oder in Bereichen mit ähnlich hartem Untergrund einzusetzen, hat sich ein solcher Schutz als äußerst empfehlenswert erwiesen.

Ansonsten kann man darauf verzichten, was jedoch eine regelmäßige Kontrolle (einmal pro Woche) und Pflege der Hufe nicht ausschließt. So sollte in etwa zweimonatigen Abständen ein Ausschneiden der Hufe erfolgen. Dies wird man zumindest am Anfang von einem Fachmann, bspw. einem professionellen Klauenschneider oder einem Hufschmied, durchführen lassen. Nachdem ein paar Mal die dabei angewandte Technik beobachtet wurde und außerdem das entsprechende Werkzeug vorhanden ist, kann man sich später auch selbst an das Ausschneiden der Hufe heranwagen.

Des Weiteren müssen die Esel zwei- bis dreimal pro Jahr entwurmt werden. Die dafür notwendigen Medikamente bezieht man am besten über einen Tierarzt.

Ähnlich wie Pferde mögen es auch Esel, wenn sie gestriegelt werden. Dabei werden nicht nur die herausgefallenen Haare aus dem Fell gekämmt, sondern auch die Haut der Tiere wohltuend massiert. Außerdem bietet es sich an, die Esel während des Striegelns gleich auf Außenparasiten und Hautverletzungen zu kontrollieren.

Nach 3,5–4 Jahren ist das Knochenwachstum der Esel im Wesentlichen abgeschlossen. Dann besteht die Möglichkeit, die Tiere zum Reiten und Ziehen kleinerer Wagen zu nutzen. Bei einer Verwendung als Reittier darf das Gewicht des Reiters höchstens 25 % des Gewichtes des Esels betragen. Außerdem gilt es, dabei zu berücksichtigen, dass Esel keine Rennpferde sind, die den schnellen Galopp lieben. Stattdessen bevorzugen gerittene Esel einen normalen Schritt oder einen gelegentlichen Trab über nicht zu lange Strecken. Vor Kutschen gespannt, sollten Esel nicht mehr als das Zweifache ihres Körpergewichtes ziehen müssen.

Hühner

Die Nachkommen tropischer Urwaldbewohner

Gegenwärtig ist die weltweit am häufigsten gehaltene Geflügelart das Haushuhn. Dieses stammt von dem noch heute in den Urwäldern Südostasiens lebendem Bankivahuhn (*Gallus gallus*) ab.

Im Unterscheid zu den auch als Hennen bezeichneten Hühnern, die ein fast rebhuhnfarbiges Gefieder aufweisen, sind die Hähne des Bankivahuhns sehr bunt gefärbt und besitzen außerdem den typischen Hahnenschwanz, der aus langen, sichelartig gebogenen Federn besteht.

Junger Bankiva-Hahn

Bei den Krüperhühnern, hier ein Westfalischer Krüper-Hahn, handelt es sich um eine alte und noch immer gern gepflegte Rasse.

Ein weiteres Merkmal dieser Hähne, das bis zur heutigen Zeit bei unseren Haushähnen erhalten blieb, ist die stolze, fast ein wenig majestätisch wirkende Körperhaltung.

Obwohl der Domestikationsbeginn der Haushühner zumeist mit 2.000 Jahre vor Chr. angegeben wird, vermuten einige Wissenschaftler, dass diese in einigen südostasiatischen Regionen bereits 3.000–4.000 Jahre früher geschah. Diese Theorie erscheint ebenfalls nicht ganz unwahrscheinlich, wenn man bedenkt, dass die ersten Haushühner schon vor rund 3.500 Jahren (vermutlich auf dem Landweg) nach Europa gelangten. In Europa fanden diese Tiere zunächst im Mittelmeerraum eine schnelle Verbreitung.

Anfangs ähnelten die Haushühner in ihrem Aussehen noch stark den Bankivahühnern. Aber das sollte sich ändern. Im Verlaufe der folgenden Jahrtausende begannen die Menschen nämlich die ersten Rassen zu züchten. Eine Vorreiterstellung nahmen dabei die von Mönchen betriebenen Klöster ein, in denen die Hühner als wertvolle Eier- und Fleischlieferanten sehr geschätzt wurden. Anschließend dauerte es nicht lange, bis die frühmittelalterlichen Bauernhöfe die Hühner fest in ihre Tierbestände integrierten. Eine umfangreiche Weiterentwicklung der Rassenvielfalt erfolgte mit Beginn des 18. Jahrhunderts. Seit dieser Zeit begann man nicht nur verstärkt damit, schwere und leichtere Rassen, sondern auch Hunderte von Farbschlägen zu züchten. Deshalb existieren gegenwärtig von nahezu jeder Rasse mehrere Farbschläge. Bei einigen Rassen beläuft sich die Anzahl dieser Farbschläge sogar auf mehr als zwanzig.

Brahma

Federfüßige Zwerge

Rassenvielfalt

Gegenwärtig werden die Hühner in Groß- und Zwergrassen unterteilt, wobei es in jeder dieser beiden Gruppen eine weitere Untergliederung gibt. Siehe hierzu die folgende Aufstellung:

Unterteilung der Groß- und Zwergrassen

Legerassen: z. B. Leghorn, Hamburger
Fleischrassen: z. B. Brahma, Cochin
Zweinutzungsrassen: z. B. Amrock, Vorwerkhuhn
Kämpfer: z. B. Shamo, Englische Kämpfer
Zier- und Langschwanzrassen: z. B. Nackthalshuhn, Federfüßige Zwerge, Bantam

Die meisten Kleinhalter, die sich Hühner anschaffen, entscheiden sich für Großrassen und unter diesen wiederum für Lege-, Fleisch- oder Zweinutzungstiere. Deshalb sollen diese Tiere auch etwas genauer vorgestellt werden.

Legerassen wurden primär dafür gezüchtet, bei einer nicht übermäßigen Fütterung trotzdem eine enorme Anzahl von Eiern zu produzieren. So sind 250–300 Eier pro Huhn und Jahr keine Seltenheit. Bei den Legerassen handelt es sich fast ausschließlich um leichtgewichtige Hühner, die sehr gut fliegen können. Außerdem hat man bei der Entwicklung dieser Rassen den Bruttrieb weitgehend weggezüchtet. Deshalb werden deren befruchtete Eier fast immer einer „Ammenglucke" untergeschoben oder künstlich ausgebrütet.

Die gemeinsamen Merkmale der Fleischrassen bestehen darin, dass diese Hühner sehr wuchsfreudig sind und bei guter Fütterung hohe Tageszunahmen aufweisen. Die Hähne dieser Rassen bringen nicht selten 3,5–5,5 kg auf die Waage, während die Hühner gewöhnlich 0,5–1,5 kg leichter sind. Zu den typischen Eigenschaften gehören ein ruhiges, ausgeglichenes Wesen und eine deutlich schlechtere Flugfähigkeit als bei den Legerassen. Die durchschnittliche Menge an Eiern, die bei den Fleischrassen pro Huhn und Jahr gelegt wird, schwankt zwischen 100 und 150 Stück.

Die meisten Zweinutzungsrassen, die auch als Mehrzweckrassen bezeichnet werden, erreichen Körpergewichte zwischen 2 und 4 kg (die

Hähne sind auch bei diesen Rassen schwerer als die Hennen). Es handelt sich bei diesen Hühnern fast ausnahmslos um recht zutrauliche Tiere, die ähnlich wie die Angehörigen der Fleischrassen keine sonderlich guten Flieger sind. Die Anzahl der Eier pro Huhn und Jahr schwankt bei den meisten Zweinutzungsrassen zwischen 130 und 200 Eiern.

Anatomische und physiologische Grundlagen der Hühnerernährung sowie der Eientwicklung

Im Unterscheid zu den Säugetieren besitzen Hühner – wie übrigens auch alle anderen Geflügelarten – in ihren Schnäbeln keine Zähne, welche ein Kauen der Nahrung ermöglichen. Im Schnabel wird das aufgenommene Futter zur Verbesserung seiner Gleitfähigkeit lediglich etwas eingespeichelt und gelangt über die Speiseröhre in den sackähnlichen Kropf. In diesem befinden sich zahlreiche Drüsen, die das Futter „biochemisch behandeln". Bspw. regulieren die von den Drüsen abgegebenen Sekrete den pH-Wert der Nahrung und weichen diese vor, damit die Verdauungsenzyme im Drüsenmagen später „weniger Arbeit" damit haben.

Vom Kropf wird der Nahrungsbrei in den Drüsenmagen transportiert, wo unter Einwir-

Verdauungstrakt Huhn

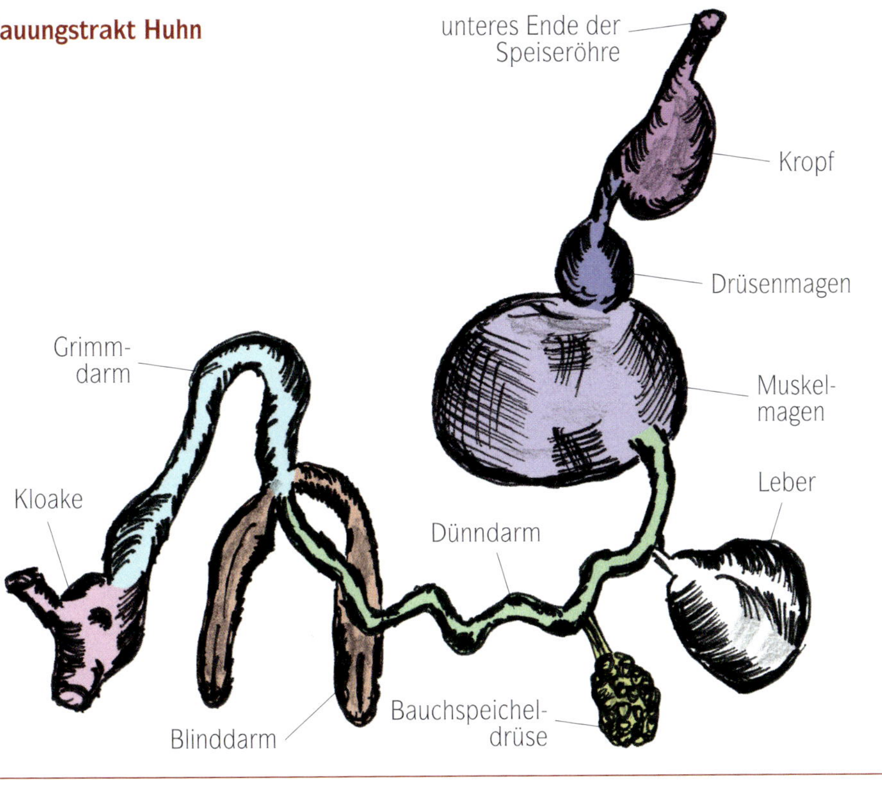

kung der Enzyme die langsame Zersetzung des Futterbreis beginnt. An den Drüsenmagen schließt sich der Muskelmagen an. Dieser besteht, wie es sein Name sagt, aus kräftigen, sich kontrahierenden Muskeln und enthält Grit, bei dem es sich um kleine Steinchen handelt. Diese werden zusammen mit dem Futter aufgenommen. Durch ein Zusammenspiel der Muskelkontraktionen und des Grits funktioniert der Muskelmagen fast wie das Mahlwerk einer Mühle. Während dieses „Mahlprozesses" wird die Oberfläche des Nahrungsbreis erheblich vergrößert.

Anschließend gelangt dieser in den Dünndarm, wo die Ausführungsgänge von der Gallenblase und der Bauchspeicheldrüse einmünden. Der Dünndarm resorbiert einen Großteil der freigewordenen Nährstoffe, welche im Anschluss für die Erhaltung der Körperfunktionen, zum weiteren Aufbau von Muskelmasse sowie zur Bildung von Eiern genutzt werden. Vom Dünndarm aus erfolgt der Weitertransport der schon intensiv verdauten Masse in den Dickdarm, dessen vorderster Bereich der Blinddarm ist. Letzterer unterscheidet sich von dem der Säugetiere dadurch, dass er doppelt (in Form von zwei schlauchartigen Aussackungen) angelegt ist. In den Blinddärmen befinden sich riesige Mengen an Zellulose spaltenden Bakterien. Allerdings ist die Verweildauer des Nahrungsbreies im Blinddarm relativ kurz, weshalb die Zelluloseverdauung recht unvollständig abläuft. Der Dickdarm endet zusammen mit dem Harnleiter und Ei- (Henne) bzw. Samenleiter (Hahn) in der Kloake, die als gemeinsame Ausscheidungsöffnung fungiert.

Hühner sind sehr vielseitige Allesfresser

Somit erfolgt durch die Kloake auch das Legen der Eier. Deren Entstehung beginnt im Eierstock der Hennen, in welchen die mikroskopisch kleinen Eizellen durch Einlagerung von Nährstoffen zu Dotterkugeln heranreifen. Nachdem diese Kügelchen erheblich an Volumen zugenommen haben, platzt die sie umgebende Membran. Danach wandern die Kügelchen in den Eileiter. Im Leiter bildet sich um den Dotter eine Haut und aus speziellen Drüsen lagert sich Eiklar um den Dotter. Sobald das noch unfertige Ei den Eileiter passiert hat, gelangt es in die Kalkkammer, wo es innerhalb von etwa 17 Stunden mit der hauptsächlich aus Kalziumkarbonat (Kalk) bestehenden Schale ummantelt wird. Zum Abschluss entwickelt sich ein äußert dünnes, als *Cuticula* bezeichnetes Häutchen um das Ei. Dieses Häutchen schützt später das gelegte Ei längere Zeit vor Austrocknung und Keimbefall.

Hühnerfutter und Hühnerfütterung

Hühner sind Allesfresser.
Ihre Nahrung sollte aus Körnerkomponenten, Grün- und Saftfutter sowie tierischem Eiweiß bestehen, welches sie vor allem im Freigehege aufnehmen können. Letzteres setzt sich vorwiegend aus Regenwürmern, Käfern und anderem Kleingetier zusammen, das sie zu einem Großteil beim Scharren im Erdreich finden. Des Weiteren kann man Knochenreste anbieten, die von gekochten oder gebratenen Speisen übrig geblieben sind. Die noch daran befindlichen Fleischreste werden von den Hühnern sehr sauber abgepickt. Später kann man diese Knochen fein mahlen und ins Futter mischen, weil sie eine gute Kalkquelle darstellen. Darüber hinaus eignen sich zur potentiellen Zufütterung auch zahlreiche andere (nicht verdorbene) Küchenabfälle, deren Palette sich von hartem Brot, über Kuchenreste bis zu gekochtem Graupen, Kartoffeln und Nudeln erstreckt. Der Hauptfutteranteil sollte aber immer aus Körnernahrung bestehen.

Der Fachhandel bietet ein umfangreiches Sortiment an Futtermischungen an, die sich im Wesentlichen aus Körnern zusammensetzen, welche zusätzlich mit Mineralien, Vitaminen und manchmal auch mit Soja angereichert wurden. Zu diesem Sortiment gehören auch die Küken-, Junghühner- und Legehennenalleinfuttermischungen, deren stoffliche Zusammensetzungen auf die Bedürfnisse der Tiere in den betreffenden Lebensabschnitten ausgerichtet sind. Die Konsistenz der Futtermittel erstreckt sich dabei von mehlähnlicher Vollwertnahrung über gepresste Pellets bis zu körnerhaltigen, teilweise auch grob geschroteten Mischungen. Alle diese Futtermittelvarianten weisen sowohl Vor- als auch Nachteile auf. So werden bspw. Teile von Körnermischungen oft aus dem Trog geworfen, wenn die Hühner nach den leckersten Einzelkörnern suchen. Andererseits verunreinigen die Körnergemische bei Weiten nicht so schnell wie Futtermehle. Letztere sind wiederum schon stark zerkleinert und können im Verdauungstrakt der Hühner schneller und leichter resorbiert werden. Ein Vorteil bei Pellets liegt darin, dass diese alle gleich aussehen und die Hühner deshalb weniger darin herum selektieren.

Um die **Fütterung der Legehennen** möglichst ausgewogen und abwechslungsreich zu gestalten, bietet man den Tieren zwei- bis dreimal pro Woche so genanntes Legekorn bzw. Legemehl an. Dabei handelt es sich um ein besonders vitamin- und mineralstoffreiches Ergänzungsfutter, das man ebenfalls über den

Fachhandel beziehen kann. Legekorn wird zumeist im Verhältnis 2:1 mit Getreide gemischt und anschließend verfüttert. Zur Mischung mit dem Legekorn eignen sich vor allem Weizen, Hafer und Roggen sehr gut. Während der Mauser benötigen die Hühner überdurchschnittlich hohe Mengen an Vitaminen und Eiweißen. Der Fachhandel hält für diese Zeit spezielle Mausermischungen bereit, die auch als „Unterhaltungsfutter" bezeichnet werden.

Beim Kauf von Futtermischungen gilt es darauf achten, dass entweder die prozentualen Anteile der Inhaltsstoffe auf der Verpackung abgedruckt sind oder sich eine entsprechende Auflistung darin befindet (das spricht in aller Regel für die Seriosität des Herstellers). Außerdem hat es sich als zweckmäßig erwiesen, lieber öfter kleinere Futtersäcke zu kaufen als so genannte „Jumbo-Packungen". Prozentual kann man bei letzteren zwar oftmals ein wenig Geld sparen, aber Jumbo-Packungen haben auch einen nicht zu unterschätzenden Nachteil. Sobald nämlich eine Futterpackung, egal ob groß oder klein, geöffnet wird, beginnt nach dem Kontakt mit Luftsauerstoff und/oder Licht die Zersetzung der zahlreichen Vitamine. Dabei geht mit fortschreitender Zeitdauer immer mehr von der angestrebten Wirkung dieser Vitamine verloren.

Wie bereits kurz erwähnt, ist es ebenfalls wichtig, die Hühner ausreichend mit Grün- sowie pflanzlichem Saftfutter zu versorgen. Als Grünfutter eignen sich junge Brennnesseln (*Urtica dioica*), Reste von Kopfsalat (*Lactuca sativa*), Breit- (*Plantago major*) sowie Spitzwegerich (*Plantago lanceolata*), Löwenzahn und Vogelmiere (*Stellaria media*). Vor dem Verfüttern werden diese Komponenten fein zerhackt. Ähnlich ist mit dem Saftfutter zu verfahren, zu dem unter anderem Möhren, Futter- und Zuckerrüben, Reste von Brokkoli, Blumenkohl und nicht fauliges Kernfallobst (Äpfel, Birnen) gehören, welches man klein schnitzelt. Das Grün- bzw. Saftfutter vermengt man am besten mit Futtermehl und gibt so viel Wasser dazu, bis das Ganze eine feinkrümelige Konsistenz bekommt. Im Unterschied zu Enten und Gänsen mögen Hühner nämlich keinen auseinanderlaufenden Futterbrei.

Die Menge an Hauptfutter und Grünfutter, die ein erwachsenes Huhn täglich benötigt, hängt von mehreren Einflussfaktoren ab. Zu diesen gehören das Gewicht und die Größe der Tiere. Des Weiteren spielt die Jahreszeit eine Rolle, denn im Winter brauchen Hühner 15–25% mehr Futter. Außerdem wird die Futtermenge dadurch beeinflusst, ob die Hühner an dem betreffenden Tag ganztägig im Stall verbleiben oder im Freiland selbst Zufutter suchen können. Ganz pauschal kann man jedoch die tägliche Futtermenge für ein ausgewachsenes legendes Huhn, dessen Gewicht 2,5–3 kg beträgt, 120–180 g veranschlagen. Sollte der Trog immer schnell leer sein, erhöht man die Futtermenge ein wenig und umgekehrt reduziert man diese, wenn ständig größere Reste darin zurückbleiben. Gefüttert wird am besten am Morgen und am frühen Nachmittag, dann haben die Hühner bis zum Einsetzen der Dunkelheit noch genügend Zeit, das Futter in aller Ruhe aufzunehmen.

Hühnern und ganz besonders Legehennen muss Wasser immer unbegrenzt zu Verfügung stehen. Das Wasser spielt eine außerordentlich wichtige Rolle für die volumenmäßige Entwicklung der Eier. Ein Hühnerei (mit Schale) besteht nämlich aus knapp 70 % Wasser. Und dieses Wasser müssen die Hühner zusätzlich zu der für ihre Selbsterhaltung notwendige Flüssigkeitsmenge regelmäßig aufnehmen.

Hühnerstall und Auslauf

Ein Hühnerstall sollte stets so hoch sein, dass eine erwachsene Person bequem darin stehen kann. Des Weiteren sind (möglichst kippbare) Fenster erforderlich, die nicht nur genügend Licht in den Stall hineinlassen, sondern eine ausreichende Lüftung gewährleisten. Dabei sind die Fenster bei einem besetzten Stall immer so zu öffnen, dass keine Zugluft entsteht. Als Material für den Stallboden eignen sich am besten Beton oder Asphalt. Diese Materialien verhindern, dass von unten Feuchtigkeit in das Gebäude eindringen kann, denn einen nassen Boden mögen die Hühner noch weniger als Zugluft. Eine Hühnerklappe, die man auch in die Stalltür einbauen kann, darf ebenfalls nicht fehlen. Tagsüber ermöglicht diese es den Hühnern, den Stall nach Belieben zu verlassen bzw. zu betreten (bspw. um an die Legenester zu gelangen). Als Einstreu für den Hühnerstall hat sich eine dicke Schicht aus fein gehäckseltem Stroh oder nicht zu groben Hobelspänen gut bewährt.

Dagegen sind Sägespäne weniger geeignet, weil die Hühner beim Scharren ständig kleinste Partikel aufwirbeln und einatmen, wodurch Atemwegserkrankungen entstehen können. Viele Hühnerhalter achten außerdem darauf, dass sowohl der Futtertrog, die Tränke als auch die Legeboxen etwas erhöht angebracht sind, damit diese beim Scharren nicht bzw. kaum mit Einstreu verschmutzt werden. Neben Nestern, Futtertrog und Tränke gehört auch eine (oder mehrere) Sitzstange(n) zur Ausstattung eines Hühnerstalls.

Auf diese ziehen sich die Hühner gern zum Schlafen zurück. Dabei hat es sich als günstig

Beispiel für einen Hühnerstall (für etwa 6 bis 7 Hühner und einen Hahn)

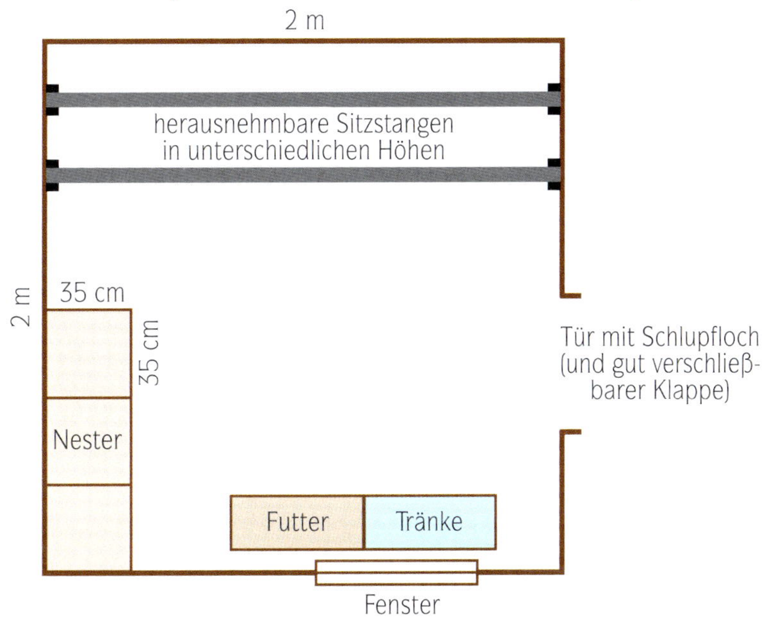

Grob gehäckseltes Stroh ist eine gute Einstreu im Hühnerstall.

Huhn beim Sandbad

erwiesen, wenn diese Stange(n) auf seitlich angebrachten Arretierungen ruht und somit zu Säuberungszwecken herausnehmbar ist. Pro Huhn sollten mindestens 35–50 cm Sitzstange vorhanden sein. Damit die Einstreu langsamer verschmutzt, bietet es sich außerdem an, unter der Sitzstange ein Kotbrett anzubringen. Weil es in den Wintermonaten des Öfteren erforderlich ist, die Hühner mehrere Tage ununterbrochen im Stall zu halten, sollte man ihnen eine 50 x 70 cm lange, mit Sand gefüllte Kiste hinstellen. Zahlreiche Halter vermischen den Sand mit etwas feiner Holzasche, weil diese eine desinfizierende Wirkung hat. Dadurch betreiben die Hühner bei ihren Sandbädern gleichzeitig eine intensive Gesundheitsprophylaxe, durch welche ein Befall mit Flöhen, Haarlingen und Milben weitgehend vermieden wird.

Der Auslauf für die Hühner kann eigentlich gar nicht groß genug sein.

Dabei haben sich Umfriedungen aus Maschendraht ähnlich gut bewährt wie aus schmalen Holzlatten. Wichtig ist, dass man bei der Höhe dieses Zaunes die Flugeigenschaften der jeweiligen Rassen berücksichtigt. Während für relativ schlechte Flieger, wie etwa Vertreter der Rasse Orpington, bereits eine Zaunhöhe von 150 cm genügt, sollte diese für gute Flieger, wie etwa Vorwerkhühner, möglichst 180 cm oder mehr betragen. Insofern es sich bei dem Auslauf um eine Grünlandfläche handelt, ist es von Vorteil, wenn sich darin keine niedrigen Ziergehölze oder Beerensträucher befinden, denn diese werden von vielen Hühnerrassen oft bis zur Unkenntlichkeit gestutzt. Dagegen werden hochstämmige Obst-, Laub- oder Nadelgehölze so gut wie nie behelligt. Im Gegenteil, an heißen Tagen ziehen sich die Hühner zum Ruhen gern unter solche Bäume bzw. in deren Schatten zurück.

Des Weiteren gehört Scharren im Boden zu den arttypischen Verhaltensweisen der Hühner. Bei dieser Form der Nahrungssuche wird vor allem in kleinen Ausläufen der Grünaufwuchs so stark strapaziert, dass er im Laufe der Zeit verschwindet. Hühner lieben auch ausgiebige Sand- und Staubbäder, für welche sie mit ihren Füßen an einigen Stellen des Auslaufs

Hühner im Auslauf

kuhlenartige Vertiefungen scharren. Unter der Voraussetzung, dass genügend Fläche zur Verfügung steht, lässt sich für die Hühner sogar ein spezieller Sandbadbereich gestalten. Zu diesem Zweck wird bspw. (für 15–20 Tiere) auf einem 3 x 3 m großen Bereich des Auslaufes die Erde 25–30 cm tief ausgehoben. Anschließend füllt man die entstandene Vertiefung ebenerdig mit Sand auf.

In dörflichen Randbereichen sowie in separat stehenden Gehöften ist die Gefahr relativ groß, dass Raubvögel und Krähen gelegentlich Küken oder sogar erwachsene Hühner erbeuten. Um das zu verhindert, kann man über kleinere Ausläufe ein engmaschiges Netz spannen. In größeren Ausläufen, die mehrere Hundert Quadratmeter Fläche umfassen, wird sich ein derartiges Vorhaben aus technischen Gründen jedoch leider kaum realisieren lassen.

Freilandhaltung auch im Winter möglich

An frostfreien Wintertagen wirkt sich eine zumindest stundenweise Haltung der Hühner im Freiland positiv auf deren Gesundheit und Agilität aus. Es ist aber auch möglich, die Tiere bei Minusgraden ins Freiland zu lassen. Zuvor muss man ihre von Federn unbedeckten Kehllappen sowie die Kämme mit Vaseline eincremen, die diese sensiblen Körperbereiche vor Erfrierungen schützt. Bei einer hohen Schneedecke sowie bei Schneefall sollte man die Hühner allerdings nicht ins Freiland lassen, weil dann nicht nur ihr Gefieder durchnässt wird, sondern sich die Tiere bei derartigen Außenbedingungen auch nicht richtig wohlfühlen.

Stundenweise Freilandhaltung im Winter

Vermehrung und Nachwuchs

Die meisten Kleintierhalter betreiben keine Vermehrung ihrer Hühner, sondern kaufen ihre Tiere im Kükenalter. Wer jedoch seine Hühner selbst vermehren möchte, benötigt dazu unbedingt einen Hahn, der sich mit den Hühnern paart und dabei die Eier befruchtet. Im Fachjargon spricht man auch davon, dass der Hahn die Hühner tritt. Hennen von Rassen mit guten Muttereigenschaften beginnen zumeist im Frühjahr zu glucken. Dieses äußerst sich vor allem darin, dass

- die betreffenden Hühner länger als üblich auf dem Nest sitzen bleiben,
- ihr Bauchbereiche allmählich federlos werden,
- Kämme am Anfang der Brutphase kräftiger gefärbt sind,
- die Hennen häufig glucksende Laute von sich geben,
- sich die Hühner gegenüber Artgenossen und gegen Menschen aggressiver verhalten.

Gluckenden Hennen, die mindestens einen Tag lang im Nest sitzen bleiben, kann man dann auch befruchtete Eier unterschieben (wenn ein Hahn zur Hühnerschar gehört, sind diese in der Regel alle befruchtet). Dabei ist es unerheblich, ob diese von der gleichen Rasse, einer Fremdrasse oder sogar von anderen Geflügelarten stammen. Allerdings sollte man jeder Glucke maximal 12 fremde Eier unterschieben. Bei mehr Eiern fällt es der Henne nämlich zunehmend schwerer, diese alle mit ihrem Körper zu bedecken und auszubrüten. Die durchschnittliche Brutdauer beträgt etwa 21 Tage. Während dieser Phase verlässt die Henne gewöhnlich nur zum Fressen sowie zur Wasseraufnahme das Nest.

Während der restlichen Zeit „sitzt sie fest“ auf den Eiern und dreht diese gelegentlich ein wenig. Dieses Drehen ist für die normale Entwicklung der Embryonen sowie für ein erfolgreiches Schlüpfen der Küken notwendig. Nach

© Renate Flormann – Fotolia.com

Brütendes Huhn

© Leca Isabelle – Fotolia.com

Henne mit Küken

Ablauf der 21 Tage „kämpfen" sich die Küken mit Hilfe einer kleinen, auf der Schnabelspitze befindlichen Hornstruktur, dem so genannten Eizahn, aus den Eiern heraus. Wenn man merkt, dass ein Küken von innen gegen die Eierschale hämmert, diese aber nicht durchbrechen kann, ist es möglich, ihm durch vorsichtiges Aufbrechen „Schlupfhilfe" zu leisten. Anfangs ist das Gefieder der Küken noch verklebt. Sobald es jedoch getrocknet ist, sehen die Küken in ihren Daunen fast wie Plüschtiere aus. Unter den Hausgeflügelarten verkörpern sie den Nestflüchtertyp, das bedeutet, sie werden von der Glucke nicht im Nest betreut, sondern folgen ihr überall hin. Die Glucke erweist sich dabei als Wärmequelle, indem sie die Kleinen bei kälterem Wetter des Öfteren unter ihren Flügeln hudert. Gewöhnlich werden die Küken von der Glucke 6–7 Wochen lang betreut. Danach beginnt die Glucke oftmals, sich für die Erbrütung eines weiteren Geleges vorzubereiten.

Wenn man Küken kauft, also ohne Glucke hält und aufzieht, ist eine im Stall aufgehängte Wärmelampe sehr wichtig, die sich ungefähr 40–50 cm über dem Boden befinden muss. Unter dieser „künstlichen" Glucke halten sich die Küken gern auf.

Im Normalfall können nur ausgebildete Spezialisten das Geschlecht anhand der Kloakenöffnung der Küken erkennen. Die meisten Hühnerhalter müssen dagegen warten, bis die Küken ihre ersten Federn schieben. Die jungen Hähnchen tragen dann den Schwanz etwas höher und sind ein wenig größer als die Hühnchen. Dafür beginnen letztere fast immer ein paar Tage früher mit der Ausbildung des Gefieders

Die Mauser

Ähnlich wie die Säugetiere regelmäßig ihr Sommer- und Winterfell wechseln, erfolgt auch bei den Hühnern und anderen Geflügelarten eine jährliche Erneuerung ihres Federkleides, welche man als Mauser bezeichnet. Werden dabei alle Federn durch neue ersetzt, spricht man von einer Vollmauser (im Unterschied zur Vollmauser gehen bei der Teilmauser nur einzelne Federn verloren, die anschließend nachwachsen). Eine Vollmauser setzt erstmalig ein, wenn die Hühner ein Jahr alt sind. Zwischen den Federn befinden sind dann zahlreiche kleine staubähnliche Partikel, die als Nebenprodukte beim Schieben der neuen Federn anfallen. Der Zeitpunkt der Mauser wird hormonell gesteuert und durch zahlreiche äußere Faktoren, wie Temperatur, Lichtverhältnisse und Nahrungsangebot, beeinflusst. Diese Gefiedererneuerung ist unter anderem notwendig, weil sich die Federn mit der Zeit abnutzen und dadurch viele ihrer Funktionen beeinträchtigt werden. Im Normalfall dauert eine Vollmauser etwa 4–6 Wochen und läuft im Idealfall zwischen Spätsommer und Herbstmitte ab, so dass die Hühner in den sich anschließenden Wintermonaten ein grunderneuertes, gut wärmendes Gefieder besitzen.

Sobald sich die Vollmauser ihrem Ende zuneigt, setzen manche Hühner gänzlich mit dem Legen von Eiern aus, weil sie alle körperlichen Reserven für die Bildung neuer Federn benötigen. Bemerkenswerterweise geht die Mauser bei gut legenden Hühnern etwas schneller vonstatten als bei schlechten Legerinnen oder Exemplaren mit einer schwächlichen Gesundheit. Neben dem Verlust der Federn äußert sich die Mauser auch im Verblassen und Schrumpfen der Kämme und Kehllappen, die – nachdem alles überstanden ist – wieder an Volumen und Farbintensität zunehmen.

Um die Hühner bei der Regeneration ihrer körperlichen Leistungsfähigkeit zu unterstützen, sollte man das bereits erwähnte Unterhaltungsfutter anbieten. Als Ergänzung zum Unterhaltungsfutter eignen sich hervorragend frisches Grünfutter und Fallobst. Die darin enthaltenen Vitamine stimulieren die im Körper ablaufenden Stoffwechselfunktionen und stärken gleichzeitig die individuellen Abwehrkräfte.

Hühnerpflege

Praktische Hühnerpflege besteht vor allem darin, die Umweltbedingungen so zu gestalten, dass die Tiere gesund bleiben und sich rundum wohlfühlen. So sollte man kontinuierlich für eine gute Belüftung des Stalls sorgen, abwechslungsreich füttern und Futterreste täglich aus dem Stall entfernen, denn sie sind oft Brutstellen für unerwünschte Keime und Schimmelpilze. Des Weiteren ist es ratsam, die Hühner prophylaktisch gegen verschiedene Krankheiten (Tierarzt fragen!) impfen zu lassen.

Im Rahmen der täglichen Tierkontrolle gilt es darauf zu achten, ob sich alle oder einzelne Hühner ständig kratzen und partielle (nicht von der Mauser stammende) Kahlstellen aufweisen. Das sind häufig Indizien für einen Befall durch Außenparasiten, wie Milben, Läuse und Flöhe. In derartigen Fällen sollte das Gefieder der betreffenden Tiere gründlich inspiziert und gegebenenfalls mit einem Spezialmittel, zumeist in Form eines Puders, behandelt werden. Doch damit ist die Bekämpfung der Parasiten noch nicht beendet, sondern es muss auch eine gründliche Stallsäuberung mit dem Austausch des Nistmaterials und der Einstreu erfolgen. Beides lässt sich anschließend als Dünger im Garten vergraben, wofür man allerdings eine Stelle auswählen muss, an der die Hühner nicht unmittelbar danach schon wieder herumscharren können. Sonst besteht die Gefahr, dass sich auch gesunde Hühner mit den Parasiten infizieren, welche noch kurzzeitig in den entsorgten Materialien überlebt haben. Zur Hygiene im Stall gehört es außerdem, dessen Innenwände in mindestens 2–3-jährigen Abständen mit einem frischen Kalkanstrich zu versehen.

Stellt man bei mehreren oder gar allen Junghühnern fest, dass sie blutigen, durchfallartigen Kot absetzen und gleichzeitig abmagern sowie Lähmungserscheinungen zeigen, handelt es sich fast immer um die rote Kükenruhr. Diese hat ihre Ursache häufig in einer unzureichenden Stallhygiene und einer mangelhaften Stallbelüftung. Auf jeden Fall sollte man beim Auftreten dieser Krankheitssymptome nicht selbst an den Hühnern „herumdoktern", sondern einen Tierarzt zu Rate ziehen.

Erzeugnisse von Hühnern

Von den Schlacht- bzw. Masthühnern gewinnt man ein schmackhaftes, aus diätetischer Sicht sehr wertvolles Fleisch, dessen anschließende Zubereitung sowohl durch Kochen als auch Braten erfolgen kann. Die meisten Kleintierfreunde halten ihre Tiere jedoch vor allem wegen der Eier. Letztere werden gewöhnlich ein- bis zweimal täglich aus den Nestern abgelesen, wodurch man die Gewissheit hat, dass sie absolut frisch sind. Manchmal passiert es allerdings, dass Hühner ihre Eier in einem „illegalen" Nest ablegen, welches sie bspw. im Strohlagerraum gebaut haben. Werden nun zufällig derartige Nester entdeckt, weiß der Halter nicht, wie alt die Eier sind und ob sie überhaupt noch als Nahrungsmittel taugen. Das lässt sich aber auf eine ganz einfache Weise feststellen. Zu diesem Zweck gibt man die Eier in ein mit kaltem Wasser gefülltes Glas. Sinken die Eier zum Boden des Glases und bleiben dort liegen, sind sie sehr frisch. In Eiern, die etwa 7 Tage alt sind, hat sich inzwischen eine größere Luftkammer gebildet, die bewirkt, dass sich die stumpfen Enden der Eier im Wasser ein wenig anheben. In 2–3 Wochen alten Eiern haben sich die Luftkammern noch mehr vergrößert. Dadurch stehen diese Eier, das stumpfe Ende nach oben gerichtet, senkrecht am Boden des Glases. Eier die noch älter sind, steigen zur Wasseroberfläche auf und sollten nicht mehr für Nahrungszwecke genutzt werden.

Eine weitere Methode zur Frischermittlung besteht darin, das Ei leicht zu schütteln. Hört man dabei nichts, ist das Ei frisch. Ertönen jedoch aufgrund der vergrößerten Luftkammern gluckernde Geräusche, ist das Ei schon älter, ohne jedoch das genaue Alter zu wissen. An einem rohen, aufgeschlagenen Ei, das auf einen Teller gegeben wird, lässt sich anhand des Dotters feststellen, ob es noch frisch ist. Weist der Dotter eine deutliche Wölbung auf, handelt es sich noch um ein sehr frisches Ei. Von einem alten Ei ist der Dotter dagegen abgeflacht und außerdem sieht das Eiklar dann wässrig aus.

Kurzportraits einiger Hühnerrassen

Brahma

Gruppenzugehörigkeit: Fleischrasse
Durchschnittliche Anzahl Eier pro Huhn und Jahr: 140 Stück
Gewichte der erwachsenen Tiere:

Hahn	3,5–5,5 kg
Henne	3,0–4,5 kg

Die Rasse Brahma stammt aus Nordamerika und ging wahrscheinlich aus Kreuzungen zwischen Cochin-, Malaien- und Chittagong-Hühnern hervor. Zu den rassetypischen Merkmalen gehören der kleine Kamm, eine breite, kräftig gewölbte Brust und die stark mit Federn besetzten Beine. Die Hennen zeigen einen ausgeprägten Bruttrieb, weshalb sie sich auch gut als „Ammenglucken" eignen.

Brahma

Deutsches Lachshuhn

Gruppenzugehörigkeit: Fleischrasse
Durchschnittliche Anzahl Eier pro Huhn und Jahr: 150 Stück
Gewichte der erwachsenen Tiere:

Hahn	3,0–4,0 kg
Henne	2,5–3,25 kg

Die charakteristischsten Merkmale dieser Rasse sind eine Bartbefiederung und eine aus dichten Federn bestehende Halskrause. Außerdem besitzen die Deutschen Lachshühner, bei denen es sich um schlechte Flieger handelt, immer fünf Zehen, während fast alle anderen Rassen nur vier haben. Viele Kleintierhalter schätzen das ruhige, ausgeglichene Wesen dieser Rasse.

Deutsches Lachshuhn

Federfüßige Zwerge

Gruppenzugehörigkeit: Zierrasse
Durchschnittliche Anzahl Eier pro Huhn und Jahr: 120 Stück
Gewichte der erwachsenen Tiere:

Hahn	700–750 g
Henne	600–650 g

Es handelt sich um kleine, zutrauliche Hühner, die agil, jedoch nicht hektisch wirken, sondern lediglich eine gesunde Neugier zeigen. Sowohl die Hähne als auch die Hühner besitzen eine breite Brust und kräftige Beine. Insgesamt wirken die Körper dieser Hühner sehr kompakt. Die Hähne zeigen eine imponierende, sehr majestätische Haltung, wobei die Schwanzfedern im Verhältnis zum Körper nicht überdimensioniert sind.

Federfüßiger Zwerghahn

Leghorn

Gruppenzugehörigkeit: Legerasse
Durchschnittliche Anzahl Eier pro Huhn und Jahr: 240–300 Stück
Gewichte der erwachsenen Tiere:

Hahn	2,4–3,0 kg
Henne	1,5–2,0 kg

Ursprünglich eine alte italienische Rasse, die ab 1835 in den USA und England weiter gezüchtet wurde. Heute gelten diese Tiere als die Legehühner schlechthin, welche auch in den Wintermonaten reichlich Eier produzieren. Leghorns sind frohwüchsig, frühreif und verfügen über ein sehr agiles Wesen. Allerdings werden sie weniger zutraulich als zahlreiche andere Rassen.

Leghorn

Nackthalshuhn

Gruppenzugehörigkeit: Zierrasse
Durchschnittliche Anzahl Eier pro Huhn und Jahr: 180 Stück
Gewichte der erwachsenen Tiere:
Hahn 2,5–3 kg
Henne 2,0–2,5 kg

Die in Österreich/Ungarn entstandenen Nackthalshühner erhielten ihren charakteristischen Namen aufgrund des weggezüchteten Gefieders am Hals und teilweise auch am Kopf. Obwohl diese Tiere eine Zierrasse repräsentieren, zeigen sie eine große Tendenz zum Zweinutzungshuhn. Es handelt sich um vitale, robuste Hühner, die wenig zum Fliegen neigen. Wenn Nackthalshühner auf einem Gelege sitzen, kann man ihnen problemlos auch Eier anderer Rassen unterschieben.

Nackthalshuhn

Orpington

Gruppenzugehörigkeit: Fleischrasse
Durchschnittliche Anzahl Eier pro Huhn und Jahr: 160 Stück
Gewichte der erwachsenen Tiere:
Hahn 3,5–4,5 kg
Henne 2,5–3 kg

Sehr kräftige und kompakt wirkende Hühner, die wegen ihrer Körpermasse nicht richtig fliegen können, sondern – falls überhaupt – nur herumflattern. Aufgrund des locker ansitzenden Gefieders erscheinen diese wuchtigen Tiere noch größer als sie ohnehin schon sind. Bei guter Pflege wird diese Rasse sehr schnell handzahm.

Orpington

Plymouth Rock

Gruppenzugehörigkeit: Zweinutzungsrasse
Durchschnittliche Anzahl Eier pro Huhn und Jahr: 180 Stück
Gewichte der erwachsenen Tiere:
Hahn 3–3,5 kg
Henne 2,5–3 kg

Eine Rasse aus den USA mit einem sehr ruhigen Wesen, die sich leicht zähmen lässt und wenig Neigung zum Fliegen zeigt. Des Weiteren treten innerhalb von Plymouth Rocks seltener Streitereien auf als bei zahlreichen anderen Hühnerrassen. Sogar mehrere Hähne dieser Rasse lassen sich relativ gut miteinander vergesellschaften.

© alKerK – Fotolia.com

Plymouth Rock

Seidenhuhn

Gruppenzugehörigkeit: Zierrasse
Durchschnittliche Anzahl Eier pro Huhn und Jahr: 80 Stück
Gewichte der erwachsenen Tiere:
Hahn 1,4–1,7 kg
Henne 1,1–1,4 kg

Im Unterscheid zu den meisten anderen Rassen haben Seidenhühner nicht vier, sondern fünf Zehen. Die sehr weichen Federn dieser Tiere wirken fast fellartig. Die Hähne besitzen einen maulbeerähnlichen Kamm. Seidenhühner sind völlig flugunfähig und benötigen deshalb nur sehr niedrige Einfriedungen.

© Martina Berg – Fotolia.com

© Schachspieler – Fotolia.com

Sulmtaler

Gruppenzugehörigkeit: Zweinutzungsrasse
Durchschnittliche Anzahl Eier pro Huhn und Jahr: 160 Stück
Gewichte der erwachsenen Tiere:

Hahn 2,5–4 kg
Henne 2–3 kg

Das Sulmtaler Huhn verkörpert einen kräftigen Hühnertyp,der wegen seiner ausgezeichneten Qualität Weltruhm erlangte. Es sind wetterharte, genügsame, ruhige Tiere mit zartem, weißem Fleisch. Als guter Futterverwerter eignen sie sich auch hervorragend zur Mast.

Sulmtaler

Altsteirer

Gruppenzugehörigkeit: Zweinutzungsrasse
Durchschnittliche Anzahl Eier pro Huhn und Jahr: 180–200 Stück
Gewichte der erwachsenen Tiere:

Hahn 2,5–3 kg
Henne 2–2,5 kg

Altsteirer sind bodenständige Tiere, die vom Typ her ein mitteleuropäisches Landhuhn verkörpern, das ausgesprochen wetterfest und widerstandsfähig ist. Diese Rasse ist sehr anspruchslos und genügsam. Hervorzuheben ist seine außergewöhnliche Flugkraft. Auffallende Rassemerkmale stellen sowohl der Federschopf als auch die weißen, unbefiederten, vierzehigen Läufe dar.

Altsteirer

Sussex

Gruppenzugehörigkeit: Zweinutzungsrasse
Durchschnittliche Anzahl Eier pro Huhn und Jahr: 180 Stück
Gewichte der erwachsenen Tiere:

Hahn 3,8–4 kg
Henne 2,5–3 kg

Diese Rasse entstand im 19. Jahrhundert in der gleichnamigen englischen Grafschaft. Die Sussex besitzen einen sehr kräftigen, kompakten Körper, der von den Cochin und Brahma herrührt, die im Verlauf der Zuchtgeschichte mehrfach eingekreuzt wurden. Sie stellen zwar noch eine Zweinutzungsrasse dar, die aber schon gewichtsmäßige Tendenzen zur Fleischrasse zeigen.

Sussex

Vorwerkhuhn

Gruppenzugehörigkeit: Zweinutzungsrasse
Durchschnittliche Anzahl Eier pro Huhn und Jahr: 180 Stück
Gewichte der erwachsenen Tiere:

Hahn 2,5–3 kg
Henne 2,0–2,5 kg

Vorwerkhühner zeichnen sich durch einen kräftigen Körperbau und ein ruhiges, zutrauliches Wesen aus. Im Vergleich zu anderen Rassen sind Vorwerkhühner sehr anspruchslos. Allerdings handelt es sich um relativ gute Flieger. Deshalb sollte ihre Einfriedung möglichst mannshoch sein. Die meisten Vorwerkhennen erweisen sich auch in den Wintermonaten als gute Legerinnen. Die robusten Küken sind sehr frohwüchsig.

Vorwerkhühner

Wyandotte

Gruppenzugehörigkeit: Zweinutzungsrasse
Durchschnittliche Anzahl Eier pro Huhn und Jahr: 180 Stück
Gewichte der erwachsenen Tiere:
Hahn 3,3–3,7
Henne 2,5–3

Die Rassebezeichnung rührt von dem Indianerstamm der Huronen her, die sich selbst Wyandot nannten. Aufgrund ihres üppigen Daunengefieders wirken diese Hühner größer und massiger, als sie eigentlich sind. Wyandotten sind sehr anhänglich, haben ein ruhiges Wesen und brüten zuverlässig. Als Glucken führen sie ihre Küken äußerst umsichtig. Aufgrund ihres Gewichts sind die Wyandotten ziemlich schlechte Flieger.

Wyandotte

Truthühner

Stall und Haltung

Fütterung

Vermehrung und Nachwuchs

Nutzung und Verwendung

Truthühner repräsentieren die größte Hausgeflügelart und stammen von dem Wildtruthuhn (*Meleagris gallopavo*) ab. Dessen natürliches Verbreitungsgebiet erstreckt sich vom Süden Kanadas über zahlreiche Bundesstaaten der USA bis in den Norden Mexikos. In diesem großen Verbreitungsareal besiedeln die Wildtruthühner bevorzugt unterholzreiche Wälder, die von großen Lichtungen durchsetzt sind.

Truthühner, hier ein prächtiger Hahn, werden seit rund 500 Jahren in Europa gehalten.

Truthühner im Farbschlag Weiß ...

... und in Cröllwitzer Färbung

Als Kolumbus 1492 Amerika entdeckte, wurden Truthühner bereits von zahlreichen Indianerfamilien als Haustiere gehalten. Anfang des 16. Jahrhunderts gelangten die ersten Truthühner von dort nach Europa, wo sie sich aufgrund ihres sehr wohlschmeckenden Fleisches dauerhaft als Nutztiere etablierten.

Während in Großanlagen vorwiegend die außerordentlich schnellwüchsigen Hybridformen gehalten werden, bevorzugen die meisten Kleintierfreunde und Hobbygeflügelzüchter Truthühner (die auch oft als Puten bezeichnet werden) in speziellen Farbschlägen. Letztere sind in drei Gewichtsklassen unterteilt. Zu den schweren Vertretern, bei denen die Hähne bis zu 15 kg (im Extremfall auch bis zu 25 kg) und die Hennen etwa 7–9 kg wiegen, gehören die Schläge Bronzefarbig, Weiß und Schwarzflügel.

Bei den mittelschweren Züchtungen weisen die Hähne Gewichte von etwa 12–13 kg auf und die Hennen von 7 kg. Zu den Vertretern dieser Gewichtsklasse gehören die Schläge Rotflügel, Deutsche Puten bourbon und schwarz.

Die letzte Klasse umfasst die leichten Farbschläge. Bei diesen bringen die Hähne etwa 8–9 kg und die Puten 5–6 kg auf die Waage. Zu dieser Gewichtsklasse gehören die Deutschen Puten Cröllwitzer Färbung (umgangssprachlich fast nur als Cröllwitzer Puten bezeichnet), die Deutschen Puten blau, kupferfarbig, rot, gelb und narranganset.

Stall und Haltung

Im Rahmen der Kleintierhaltung hat es sich als besonders vorteilhaft erwiesen, Truthühner in Gruppen zu pflegen, die aus einem Hahn und 4–20 Hennen bestehen. Der für Putenhaltung erforderliche Stall muss unbedingt zugluftfrei, hell und trocken sein. Pro Tier ist dabei eine Stallgrundfläche von etwa einem Quadratmeter zu veranschlagen. Als Einstreu bieten sich analog wie für Hühner fein gehäckseltes Stroh oder nicht zu feine Hobelspäne an. Ähnlich wie im Hühnerstall installiert man auch für Puten eine Sitzstange, deren Durchmesser mindestens 8 cm beträgt. Dabei sollten für jede Pute etwa 70 cm laufende Stange zur Verfügung stehen.

Truthühner haben eine Vorliebe für Ausläufe mit einer geschlossenen Grasnarbe.

Puten mögen es, wenn ihre Nester wie kleine Verstecke wirken. Das lässt sich bspw. durch hölzerne Nestkästen (mit den Abmessungen 60 x 60 x 60 cm) erreichen, die an der Vorderfront Schlupflöcher von ungefähr 40 x 40 cm aufweisen sollen. Des Weiteren sollte für die Tiere ein großer Auslauf mit einer geschlossenen Grasnarbe zur Verfügung stehen, bspw. in Form einer an den Stall grenzenden Weide oder eines mit mehreren hohen Bäumen bewachsenen Obstgartens.

Außerdem hat es sich bewährt, wenn der zur Einfriedung verwendete Zaun aus Latten oder feinem Maschendraht besteht und eine Höhe von 1,80–2,00 m aufweist. Zum Auslauf sollten die Truthühner am Tag außer bei Schnee- und Regenfällen stets freien Zugang haben. Falls Niederschläge fallen, ist es sinnvoller, die Tiere im Stall zu lassen, weil sie zumeist sehr empfindlich auf eine stärkere Durchnässung ihres Gefieders reagieren.

Fütterung

Im Unterschied zu Haushühnern scharren Truthühner niemals mit ihren Füßen im Boden. Allerdings zupfen sie gern junge Grashalme und zarte Kräuter ab. Außerdem lassen sie sich Würmer, Schnecken und größere Insekten schmecken, die ihnen zufällig im Freigehege „über den Weg laufen".

Die Bestandteile für die täglichen Futterrationen hängen stark vom Alter der Truthühner ab. So benötigen vor allem die Küken und Jungputen eine sehr proteinreiche Nahrung, beispielweise in Form von handelsüblichem Putenstarterfutter. Ähnlich gute Hauptfutterkomponenten stellen Kartoffeleiweiß und Maiskleber dar, die man zusätzlich mit Garnelenschrot aufwerten kann. Für die spätere Mastphase haben sich neben geschroteten Weizen und Maiskörnern vor allem Soja, Erbsen und Raps

Truthühner scharren nie im Boden.

als wertvolle Beifutterkomponenten bewährt. Ebenso ist es möglich, gekochte Kartoffeln an die Truthühner zu verfüttern.

Um Mangelerscheinungen zu vermeiden, benötigen die Tiere regelmäßig handelsübliches Mineral- und Vitaminfutter, das man durch Grün- und Saftfutterkomponenten, wie bspw. kleingehackte Brennnesseln, Blaue Luzerne (im Winter auch Luzernemehl), Kopf- und Feldsalatreste, Löwenzahn sowie feine Möhren- und Rübenschnitzel ergänzen kann.

Vermehrung und Nachwuchs

Wenngleich Truthennen pro Jahr durchschnittlich 40–80 Eier legen, ist diese Stückzahl für ein zu bebrütendes Gelege deutlich zu groß. Stattdessen sollte die Anzahl der Eier pro brütende Henne auf 15–20 Stück begrenzt werden. Besondere Erwähnung verdienen der ausgeprägte Bruttrieb und die hervorragenden Muttereigenschaften der Puten. Aus diesem Grund kann man ihnen auch immer Eier von anderen, schlecht brütenden Geflügelarten unterschieben. Nach einer Brutdauer von 28 Tagen schlüpfen die Putenküken, die sich während der ersten Lebenswochen oft als sehr schwierige Pfleglinge erweisen. Deshalb ist es von Vorteil, wenn Kleintierhalter, die erstmalig Puten vermehren wollen, bereits einige praktische Erfahrung mit der Vermehrung anderer Hausgeflügelarten besitzen. Um die Verluste unter den Küken so gering wie möglich zu halten, wird oft eine mutterlose Aufzucht praktiziert. Zu diesem Zweck werden die Putenküken in einen separaten Stall oder Stallteil gesetzt, der nicht nur sehr sauber und trocken, sondern auch mit einer mindestens 15–20 cm dicken Schicht aus gehäckseltem Stroh oder Hobelspänen eingestreut sein muss. Die Raumtemperatur sollte in der ersten Lebenswoche nicht unter 26 °C absinken. Besser ist es sogar, wenn diese relativ konstant 29–31 °C beträgt. Das kann man bspw. durch das Installieren von Wärmestrahlern erreichen, unter denen sich die Küken gern aufhalten. Zu Beginn jeder weiteren Lebenswoche der Küken wird die Raumtemperatur um etwa 2 °C herabgesetzt. Acht Wochen nach dem Schlupf pegelt man die Temperatur auf 18 °C ein und ab der 20. Lebenswoche genügen 16 °C im Stall.

Vor allem während ihrer ersten Lebenswochen reagieren die Küken noch wesentlich empfindlicher auf Zugluft als die Altvögel. Das bedeutet allerdings nicht, dass keine Frischluftzufuhr für den Stall erfolgen darf. Im Gegenteil, eine gesunde, sauerstoffreiche Stallluft ist ein wichtiger Parameter, damit die Küken reichlich fressen und genügend Wasser aufnehmen, welches stets unbegrenzt zur Verfügung stehen muss.

Des Weiteren sollte man hektische Bewegungen und laute Geräusche im Stall vermeiden, weil diese Stress bei den Küken auslösen. Ab der 5. Lebenswoche sind die Küken schon ein wenig stressresistenter geworden, so dass in der Folgezeit kaum noch Verluste zu befürchten sind. Zu diesem Zeitpunkt kann man bei den zur Mast vorgesehenen Exemplaren mit einer besonders intensiven Fütterung beginnen, wobei auch dieses Futter sehr eiweißreich sein muss.

Falls man sich für eine natürliche Aufzucht entscheidet, führen die Hennen ihre Küken vorbildlich und verteidigen diese energisch gegen potentielle Feinde.

Nutzung und Verwendung

Bis in die 60er-Jahre des 20. Jahrhunderts spielte in Mitteleuropa die Haltung von Puten noch eine etwas untergeordnete Rolle. Die relativ geringen Individuenzahlen dienten hauptsächlich zur Deckung des Eigenbedarfs der Halter. In den 1970er-Jahren, in denen sich in breiten Bevölkerungsschichten ein neues Verbraucherbewusstsein entwickelte, begann der Bedarf an Putenfleisch zu steigen. Die Verbraucher wollten weg von fettem (Schweine-) Fleisch. Magere Produkte, die sich durch hervorragende diätetische Eigenschaften auszeichnen, wurden immer gefragter. Diese Kriterien erfüllte das Putenfleisch, das sich nicht nur als fett- und kalorienarm, sondern gleichzeitig auch als proteinreich erwies. Außerdem sind neben den Vitamin B_6 und B_{12} auch größere Mengen an wichtigen Mengen- und Spurenelementen, wie Kalium, Magnesium, Eisen und Zink, im Putenfleisch enthalten.

Inzwischen hat die Putenhaltung einen derartigen Aufschwung genommen, dass sich manche Haupterwerbslandwirte ausschließlich auf die Erzeugung dieser Geflügelart spezialisiert haben. Allerdings sind die Tiere, wie bereits kurz erwähnt, in großen, mehrere Tausend Individuen fassenden Stallkomplexen untergebracht, wodurch sich ein besseres Aufwand-Nutzen-Verhältnis erreichen lässt.

Wachteln

Stall und Haltung

Nachwuchs und Vermehrung

Fütterung

Nutzung und Verwendung

Bei den als Nutzgeflügel gehaltenen Wachteln handelt es sich nicht um die domestizierten Europäischen Wachteln (*Coturnix coturnix coturnix*), sondern um Japanische Wachteln (*Coturnix coturnix japonica*). Deren natürliches Verbreitungsareal konzentriert sich im Wesentlichen auf Japan und Korea sowie die unmittelbar angrenzenden Gebiete. Im 14. Jahrhundert begann man in Japan mit der Domestikation der ersten Wachteln, welche allerdings zunächst nur als Ziergeflügel gehalten wurden.

Seit den 70er-Jahren des 20. Jahrhundert erfreuen sich Wachteln einer stetig wachsenden Beliebtheit in Mitteleuropa, was zu einer vermehrten

Wachtelpärchen

Haltung dieser Tiere führte. Bei den heutigen Exemplaren unterscheidet man zwischen Lege- und Mastwachteln. Bei beiden Produktionsrichtungen verkörpern die Tiere zwar Zweinutzungstypen, aber bei dem erstgenannten stehen hohe Legeleistungen im Vordergrund, während man bei letzteren an einem intensiveren Fleischansatz interessiert ist. Deshalb sollen erwachsene Mastwachteln auch Mindestgewichte von 250–300 g haben und damit rund doppelt so schwer sein wie Legewachteln, die nur durchschnittliche Körpermassen von 120–150 g aufweisen. Bemerkenswert ist, dass die Wachtelhähne zumeist geringfügig kleiner sind als die Hennen. Des Weiteren wurden bis zur Gegenwart unterschiedliche Gefiederfärbungen herausgezüchtet, deren Spektrum sich von Weiß über Silber, Isabellfarbig und Wildgrau bis zu Blaugrau erstreckt.

Stall und Haltung

Ein Stall für Wachteln muss sauber, trocken und zugluftfrei sein. Als Ausstattung benötigt man einen niedrigen Futter- und Wassertrog, an dem sich die Tiere jederzeit bedienen können. Um größere Vernässungen durch „matschende" Wachteln zu vermeiden, haben sich Nippeltränken bewährt, also Tränkflaschen, wie man sie in ähnlicher Weise in der Kaninchenhaltung verwendet.

Als „Legebatterie" kann man eine 2,5 m lange und 20 cm breite Holzkiste verwenden, in der in Abständen von 15 cm als Sichtbarrieren quadratische Brettchen von 20 x 20 cm installiert sind. Die Kiste wird mit feinem Sand gefüllt, den man aus Hygienegründen mindestens alle 6 Wochen durch frischen ersetzen sollte. Als Nistmaterial gibt man in jede Box ein wenig (Gras-)Heu. Außerdem kann man vor jeder Box noch ein oder zwei Kiefernzweige (diese halten die Nadeln länger als viele andere Koniferen) anbringen, so dass auch von vorn eine gewisse Sichtbarriere vorhanden ist.

Wachtel mit Eiern

Den Wachtelstall streut man mit einer dicken Schicht kleiner Holzspäne oder mit sehr fein gehäckseltem Stroh aus. Anschließend muss man ein wenig darauf hoffen, dass die vorbereiteten Nester gut angenommen werden, denn es gibt auch Tiere, die diese Boxen ignorieren und ihre Eier irgendwo im Stall oder in der Freianlage ablegen.

Ein Stall mit einer Grundfläche von 3 m^2 genügt durchaus zur Haltung von 60 erwachsen Exemplaren, wobei das Hähnchen-Hennen-Verhältnis vorzugsweise 1:4 bis 1:6 betragen sollte. Als Sichtbarrieren bieten sich ein paar 50 cm lange und etwa 15 cm hohe Bretter an, die mit standsicheren Füßen versehen wurden. Diese Sichtbarrieren ermöglichen es, dass sich insbesondere die Wachtelhähnchen besser aus dem Wege gehen können, so dass mehr Ruhe im Stall herrscht. Ansonsten kann es nämlich passieren, dass schwächere Exemplare von den stärkeren häufig mit Schnabelhieben attackiert werden. Dadurch werden viele unterlegene Tiere in Dauerstress versetzt, was zu schlechteren Zunahmen und im Extremfall sogar zum Tod führen kann.

Es hat sich bewährt, dass der Wachtelstall mit einer Voliere kombiniert ist, welche die Tiere bei trockenem Wetter nach Belieben nutzen können. Diese Voliere sollte sich möglichst nicht im Süden oder Südwesten des Stalls, sondern besser im Osten oder Südosten befinden, so dass sie vorrangig von der Morgen- bzw. Vormittagssonne beschienen wird. Das mögen die Wachteln, weil sie, wie der überwiegende Teil der Vögel, zu den Frühaufstehern gehören.

Bei der Konstruktion der Voliere gilt es, Folgendes zu beachten:

- Es muss ein sehr feinmaschiger Draht verwendet werden, der es den Wachteln nicht erlaubt, hindurchzuschlüpfen.
- Zwischen den in die Voliere integrierten Türen und den angrenzenden Maschendrahtbereichen dürfen keine größeren Spalten vorhanden sein, welche die Wachteln als Fluchtwege nutzen können.
- Die unteren Voliereabschlüsse müssen so gestaltet sein, dass weder die Wachteln nach außen noch streunende Katzen oder kleines Raubwild nach innen gelangen kann. Einen besonders guten Schutz bietet ein aus Beton oder Ziegeln gemauertes Fundament, das etwa 10–15 cm aus dem Boden ragt und auf dem der Volierenabschluss ritzenfrei aufsitzt. Ein derartiges Fundament verhindert, dass sich Raubwild in die Voliere graben kann. Falls nämlich bspw. eine Füchsin aus dem angrenzenden Umland Junge hat, sucht sie oft nach Möglichkeiten, um schnell leichte Beute zu machen. Dabei scheut sie sich oft auch nicht, in Volieren bzw. Ausläufe von Hausgeflügel einzudringen.
- Als Schutz gegen Krähen, Häher und kleine Greifvögel spannt man über der Voliere entweder Maschendraht oder ein sehr feinmaschiges Kunststoffnetz. Zu diesem Zweck haben sich Kunststoffnetze allerdings besser bewährt, weil sie elastischer sind und deshalb ein wenig nachgeben, wenn die Wachteln dagegenfliegen. Letzteres passiert, wenn sie erschrocken werden und hektisch nach oben starten.
- Als Versteckmöglichkeiten kann man ein paar klein bleibende, nicht giftige Sträucher (bspw. Johannisbeeren) in die Voliere pflanzen. Diese Sträucher sollte man so platzieren, dass sie bei den routinemäßigen Pflege- und Wartungsarbeiten nicht stören. Eine andere Möglichkeit besteht darin, ein paar größere Kiefernzweige in den Boden zu stecken und diese von Zeit zu Zeit durch frische zu ersetzen.

Nachwuchs und Vermehrung

Im Alter von 6–7 Wochen beginnen gut aufgezogene Legewachteln mit der Eierproduktion. Von sehr guten Hennen kann man dann durchaus 250–300 Eier pro Jahr erhalten. Letztere haben ein Stückgewicht von 9–12 g. Ein Nachteil bei den Legewachteln besteht darin, dass sich bei den meisten Exemplaren der Bruttrieb stark rückläufig entwickelt hat oder gar nicht mehr vorhanden ist. Die Bebrütung der befruchteten Eier muss dann in einem Brutapparat (umgangssprachlich auch als Brutschrank bezeichnet) erfolgen. Ebenso ist es möglich, Wachteleier guten Zwerghuhn-Glucken oder Tauben zur Erbrütung unterzuschieben. Sollte doch einmal eine Wachtel auf ihren Eiern sitzen bleiben, gilt es darauf zu achten, dass das Gelege nicht mehr als 10–12 Eier umfasst, weil sonst keine optimale Brut mehr möglich ist. Vom Brutbeginn bis zum Schlüpf der Küken, bei denen es sich um Nestflüchter handelt, vergehen zumeist 17–18 Tage.

Genau wie Hühnerküken sind auch die kleinen Wachtelküken, deren Schlupfgewicht nur 6–9 g beträgt, äußerst wärmebedürftig. Falls eine Aufzucht ohne Mutter erfolgt, welche die Küken unter ihrem Gefieder hudern kann, muss im Stall unbedingt eine Wärmelampe installiert sein. Am ersten Lebenstag benötigen die Küken eine Umgebungstemperatur von 36–37 °C. Diese wird mit jedem weiteren Lebenstag um etwa ein Grad gesenkt, sodass nach etwa 3 Wochen etwa 20 °C im Stall vorherrschen, welche sich auch in der Folgezeit als besonders günstig für die Küken erwiesen haben.

Im Unterschied zu Hühnerküken ist der Eiweißbedarf der Wachtelküken vor allem während der ersten 3 Lebenswochen deutlich höher. Um diesem Bedarf gerecht zu werden, kann bspw. Putenstarterfutter angeboten werden, das man mit Molkepulver und Luzernemehl aufwertet.

Wachtelküken

Fütterung

Später ist es möglich, den Tieren Mais-, Erbsen- und Sojaschrot sowie Weizen und Hafer als Hauptfutter zu geben. Dieses Hauptfutter sollte man gelegentlich durch Molkepulver, Luzernemehl, kalkhaltige Mineralfutterzusätze, zerkleinerten Salat, Löwenzahn oder Vogelmiere sowie fein geschnitzelte Möhren bzw. Rüben aufwerten.

Futter beeinflusst die Dotterfärbung
Zahlreiche Verbraucher sind daran interessiert, dass die Dotter (übrigens nicht nur bei Wachtel-, sondern auch bei Hühnereiern) eine intensive gelbe oder gelborange Färbung aufweisen. Diese Dotterfärbung wird durch spezielle Farbstoffe, so genannte Xanthophylle, hervorgerufen, die vor allem in mehreren pflanzlichen Futterkomponenten vorhanden sind. Zu diesen Futterkomponenten gehören bspw. Mangoldblättermehl, Luzernemehl, Maisklebermehl, Gelbmais und Möhrenschnitzel. Mit dem Futter aufgenommen, wird ein Großteil dieser Xanthophylle im Verdauungstrakt der Wachteln resorbiert und anschließend direkt als Farbstoffe im Eidotter eingelagert.

Wachtelküken am Futternapf

Nutzung und Verwendung

Wie bereits erwähnt, steht bei den Legewachteln die Erzeugung von Eiern im Vordergrund. Diese werden gern als Delikatesse angepriesen. Wenn man aber einmal ganz ehrlich ist, muss konstatiert werden, dass die meisten Menschen keinen allzu großen Unterschied zu Hühnereiern herausschmecken. Das bedeutet jedoch nicht, dass kein Markt für Wachteleier vorhanden ist. Im Gegenteil, hartgekochte Eier, die anschließend geschält und halbiert oder geviertelt werden, stellen eine vielseitig verwendbare Garnitur dar. So kann man sie bspw. auf kalten Platten sowie in und auf zahlreichen Salaten platzieren.

Wer Mastwachteln in größerem Umfang erzeugen möchte, sollte darüber nachdenken, ob die Anschaffung einer Rupfmaschine sinnvoll ist. Dabei handelt es sich im Wesentlichen um eine rotierende Walze, die mit elastischen, stachelähnlichen Stäbchen besetzt ist. Letztere schlagen die Federn vom Schlachtkörper der Wachteln ab. Damit dieses maschinelle Rupfen noch leichter vonstattengeht, hat es sich als günstig erwiesen, die Wachteln nach dem Schlachten für 10–15 Sekunden in 70 °C warmes Wasser zu tauchen. Danach löst man die Innereien heraus. Zu diesem Zweck setzt man, von der Kloake beginnend, sowohl an der Bauch- als auch Rückenseite direkt neben den Schenkeln einen kleinen Schnitt. Dabei ist darauf zu achten, dass die Eingeweide nicht beschädigt werden und „auslaufen". Anschließend zieht man die Eingeweide heraus und wäscht die Leibeshöhle gut aus.

Wachteleier

Perlhühner

Stall und Haltung

Fütterung

Nachwuchs und Vermehrung

Nutzung und Verwendung

Die Stammform des Hausperlhuhns ist das Helmperlhuhn (*Numida meleagris*). Dessen natürliches Verbreitungsgebiet erstreckt sich mit Ausnahmen der Regenwaldgebiete vom südlichen Rand der Sahara über nahezu das gesamte restliche Afrika.

Perlhühner wurden bereits im antiken Griechenland und später auch im Römischen Reich als Haustiere gehalten. Als das Römische Reich zusammenbrach, verschwanden auch die Perlhühner weitgehend als Nutztiere. Sie erlebten erst im 15. und 16. Jahrhundert eine Renaissance, als portugiesische Seefahrer diese Vögel erneut mit nach Europa brachten.

Ihre charakteristische Populärbezeichnung erhielten die Perlhühner aufgrund ihrer hellen, mehr oder weniger in Reihen angeordneten Gefiedersprenkelung, die tatsächlich sehr an kleine Perlen erinnert. Inzwischen existieren von den Hausperlhühnern mehrere Farbschläge, und zwar sowohl mit ausgeprägten als auch reduzierten Perlungen. Zu den Vertretern mit gut ausgeprägter Perlung gehören die Farbschläge Blau,

© Axel Gutjahr – Fotolia.com

Helmperlhühner in Afrika

Hausperlhühner gibt es mit unterschiedlichen Gefiederfärbungen.

© geewhiz – Fotolia.com

Außerhalb der Paarungszeit mögen Perlhühner die Nähe von Artgenossen.

Perlgrau und Weiß (die Perlung wirkt bei diesen Exemplaren silbrig).

Bei lavendelblauen und chamoisfarbigen Exemplaren kann sowohl eine ausgeprägte als auch eine reduzierte Perlung vorhanden sein. Letztere tritt außerdem oft bei den violetten und azurblauen Zuchtformen auf. Darüber hinaus existieren auch Farbschläge, die ein völlig weißes oder hellgraues Gefieder besitzen.

In ihrer Körperform erinnern die Perlhühner ein wenig an Truthennen. Im Unterschied zu den meisten anderen Hausgeflügelrassen, bei denen das Gefieder auch den Kopf und Hals umfassend mit bedeckt, sind diese Bereiche bei den Perlhühnern kaum oder gar nicht befiedert.

Hausperlhühner erreichen Körperhöhen von 40–60 (im Extremfall auch bis zu 70 cm) und fühlen sich in Gruppen am wohlsten. In diesem sollte ein Geschlechterverhältnis von Hähnen zu Hennen von höchsten 1:3 bis 1:5 vorherrschen. Vergesellschaftet man dagegen einen Hahn mit mehr Hennen, werden letztere – vor allem während der Balzphase und beim Führen der Küken – oft nur mangelhaft betreut. Das liegt daran, dass zu einem großen Teil noch die „Urgene" der Stammform wirken. Obwohl die Helmperlhühner sonst die Nähe zu Artgenossen suchen, praktizieren sie während der Paarungszeit ein monogames Zusammenleben.

Hausperlhühner verkörpern agile, zuweilen auch etwas lautstarke Nutztiere, die ein wenig zänkisch sind. Aus diesem Grund ist es ratsam, sie nur dann mit anderen Geflügelarten in einem gemeinsamen Auslauf zu halten, wenn dieser sehr weitläufig ist und die Tiere dadurch die Möglichkeit haben, sich weitgehend aus dem Weg zu gehen.

Perlhuhnhähne erreichen Gewichte von 1,8–2,5 kg, während die Hennen zumeist 1,6–2,0 kg wiegen. Eine Geschlechtererkennung ist vor allem am so genannten Helm, der beim Hahn breiter und stärker nach hinten gezogen ist, sowie an dessen kräftiger entwickelten und intensiver gefalteten Kehllappen möglich. Außerdem zieht die Gesichtshaut an den Halsseiten des Hahns tiefer herab als bei den Hennen.

Bei einer gemeinsamen Haltung mit anderem Hausgeflügel sollte genügend Freifläche zur Verfügung stehen, weil Hausperlhühner ein wenig zänkisch sind.

Stall und Haltung

Die Ansprüche, die Perlhühner an ihren Stall stellen, entsprechen weitgehend denen von Truthühnern. Ein paar Unterschiede bestehen hinsichtlich der Nistmöglichkeiten, bei welchen sich die Perlhühner oftmals als recht wählerisch und eigenwillig erweisen. Vom Grundaufbau können diese Nistboxen denen von Hühnern gleichen, wobei sie allerdings sehr bodennah installiert sein müssen. Außerdem mögen es die Perlhühner, wenn sich die Nester in einem etwas abgedunkelten, ruhigen Bereich des Stalls befinden. Beim Auslauf, in dem vorzugsweise eine geschlossene Grasnarbe vorhanden ist, gilt: Je größer, desto besser, wobei man vorzugsweise 30 m^2 oder mehr pro erwachsenes Exemplar veranschlagen sollte. Unter Berücksichtigung der Flugfreudigkeit der Perlhühner muss man jedoch hierbei oftmals einen Kompromiss eingehen, weil es ratsam ist, den gesamten Auslauf mit einem dünnen Netz zu überspannen.

Fütterung

Da es sich bei den Perlhühnern um Allesfresser handelt, stellen die im Auslauf gefundenen Würmer, Spinnen, kleinen Nacktschnecken und Insekten eine willkommene Bereicherung ihres Speiseplans dar. Auch die übrigen Nahrungsansprüche der Perlhühner unterscheiden sich sowohl in ihrer inhaltlichen als auch in ihrer mengenmäßigen Zusammensetzung kaum von denen der Haushühner. Deshalb erfolgt ihre Fütterung analog wie die der Hühner. Dabei sind auch regelmäßige Mineralfuttergaben nicht zu vergessen.

Nachwuchs und Vermehrung

Die Legeperiode erstreckt sich zumeist von Anfang April bis Anfang Oktober. Während dieser Zeit können gute Hennen über 100 Eier legen, wobei es allerdings bei den meisten Tieren weniger sind. Sagen den Hennen die im Stall vorhandenen Nester nicht zu, suchen sie sich nicht selten eine versteckartige Stelle im Freiland. In diesem Versteck errichten sie dann ein Nest, in dem sie auch ihre Eier ablegen und manchmal mit dem Brüten beginnen. Dabei kann es sogar passieren, dass mehrere Hennen ein gemeinsames Nest benutzen. Besonders gern praktizieren Perlhühner in sehr heißen Jahren Freilandbruten, wobei sie sich dann vorwiegend auf den Zeitraum zwischen Ende Juni und Anfang September konzentrieren.

Für die Nachzucht sollte das Gelege, das eine Perlhuhnhenne betreut, nicht mehr als 20 Eier umfassen. Manche Geflügel- bzw. Kleintierhalter schieben die Perlhuhneier auch Hühnerglucken unter oder legen diese in einen Brutapparat.

Perlhuhn mit Küken

© Jamie Wilson – Fotolia.com

Nach durchschnittlich 28–29 Tagen schlüpfen daraus die Küken, die mindestens genauso wärmebedürftig sind wie Hühnerküken. Deshalb ist vor allem bei der mutterlosen Aufzucht von Perlhühnern eine Wärmelampe unerlässlich, die sich ungefähr 40–50 cm über den Küken befinden sollte. Anfangs muss die Temperatur unter dem Wärmestrahler 38 °C betragen. Mit fortschreitendem Alter der Küken reduziert man die Temperatur mit Beginn jeder neuen Lebenswoche um etwa 2 °C.

Des Weiteren müssen im Kükenstall (noch mehr als bei den erwachsenen Exemplaren) Zugluft und Feuchtigkeit in der Einstreu vermieden werden, weil die Jungen darauf äußerst empfindlich reagieren. Im Extremfall kann eine längerfristige Einwirkung solcher negativen Umweltfaktoren sogar zu einem Massensterben bei den Küken führen.

Perlhuhnküken verkörpern den Nestflüchtertyp. Bereits kurz nach dem Schlupf laufen sie munter herum und nehmen aktiv Futter auf. Als Hauptfutter bietet man den Jungen am besten Alleinfutter für Haushühnerküken an. Davon veranschlagt man in der ersten Lebenswoche etwa 7 und in der zweiten 12–13 g pro Tier und Tag. Zur Ergänzung werden noch sehr feine Möhrenschnitzel und klein zerhacktes Grünfutter angeboten. Liegt das Hauptfutter in Schrotform vor, kann man unter Hinzufügen von ein wenig Wasser auch ein feinkrümeliges Gemenge aus allen Komponenten herstellen.

Gedränge vermeiden und zum Tee einladen

Damit schwächere Perlhuhnküken nicht von ihren stärkeren Geschwistern bzw. Artgenossen am Futtertrog abgedrängt werden, muss man darauf achten, dass seine Länge ausreichend Platz für alle Exemplare bietet. Die Küken sollten dabei nicht nur bequem nebeneinanderstehen können, sondern zwischen ihnen muss auch ein „wenig Luft“ vorhanden sein. Des Weiteren ist es erforderlich, dass auch die Küken jederzeit Zugang zu frischem Tränkwasser haben. Letzteres darf nie eiskalt sein, sondern muss in etwa Zimmertemperatur aufweisen. Um zusätzlich die Gesundheit der Küken zu fördern, bieten ihnen manche Kleintierhalter während der ersten zwei Lebenswochen ungesüßten Tee an, der auf Zimmertemperatur abgekühlt wurde. Dafür haben sich Kamillen-, Melissen-, Lindenblüten- und Fencheltee besonders gut bewährt.

Wenn die Küken das Junghühneralter erreichen, sollte man den Anteil an Grün- und Saftfutter keinesfalls verringern, sondern proportional zum Körpergewicht konstant halten oder sogar noch anheben.

Nutzung und Verwendung

Die Haltung von Perlhühnern erfolgt vorwiegend wegen ihres Fleisches, das sich durch einige interessante Besonderheiten auszeichnet. So besticht es nicht nur durch einen Geschmack, der dem von Wildgeflügel ähnelt, sondern auch durch seine Fett- und Cholesterinarmut. Gleichzeitig weist es einen hohen Eiweißgehalt auf. Aufgrund dieser positiven Eigenschaften stellt dieses Fleisch auch eine ausgezeichnete und vor allem gut verdauliche Diätnährung dar. Neben dem Fleisch eignen sich auch die Eier zum Verzehr.

Tauben

Haltung

Nachzucht und Vermehrung

Fütterung

Bei den Haustauben handelt es sich um die Nachkommen der im Mittelmeergebiet weit verbreiteten Felsentauben (*Columba livia*), deren Domestikation vor 6.500 Jahren in Vorderasien erfolgte. Aus den einstigen Felsentauben wurden bis zur Gegenwart rund 800 Rassen gezüchtet, welche des Öfteren in die folgenden vier Gruppen unterteilt werden:

1. Schönheits- oder Ausstellungstauben: Diese Gruppe stellt das Gros der Tauben dar und umfasst etwa 500 Rassen. Aufgrund ihrer Färbungen, Federstrukturen, Verhaltensweisen sowie Körperformen und -größen unterscheidet man dabei Farben-, Formen-, Kropf-, Mövchen-, Struktur-, Trommel- und Warzentauben. Für jede dieser Taubenrassen wurden anerkannte Standards festgelegt, die als Basis für die züchterische Arbeit fungieren.

2. Brieftauben: Früher wurden diese Taubenrassen wirtschaftlich genutzt, indem sie handgeschriebene Nachrichten schnell über größere

Haustaube

© Martina Berg – Fotolia.com

Kupfergimpel

© mwtierfoto – Fotolia.com

Pfautaube

Entfernungen transportierten. Heute, im Zeitalter der Hightech-Kommunikation, sind sie zu beliebten Hobbytieren geworden, mit denen die Züchter Wettflüge und Meisterschaften austragen.

3. Tümmler und Flugsporttauben: Ähnlich wie die Brieftauben sind auch die Vertreter dieser Gruppe mehr oder weniger Hobbytiere, die man vor allem wegen ihres imposanten Flugstils hält.

4. Wirtschafts- und Fleischtauben: Die Tauben dieser Gruppe dürften für die meisten Kleintierhalter besonders interessant sein. Es handelt sich hierbei um größere, schwergewichtige Tauben mit einer hervorragenden Fleischausbildung. Im weiteren Sinne kann man zu dieser Gruppe auch einige Vertreter der Schönheits- oder Ausstellungstauben zählen, wie etwa die Huhn- und Riesentauben, wobei letztere eine Untergruppe der Formentauben repräsentieren. Zu den beliebtesten Wirtschafts- und Fleischtaubenrassen gehören bspw. die Texaner und die Hubbeltauben. Bei den Hubbeltauben, die nicht selten Schlachtgewichte von mehr als 500 g (Spitzentiere auch von reichlich 600 g) erreichen, ist mit dem so genannten Doppelbrustfaktor eine bemerkenswerte genetische Besonderheit vorhanden. Aufgrund dieses Doppelbrustfaktors bilden Hubbeltauben extrem große Menge an hochwertigem Brustfleisch aus. Gleichzeitig besitzt diese Rasse auch vollfleischige Keulen.

© schachspieler – Fotolia.com

Verkehrtflügelkröpfer

© Martina Berg – Fotolia.com

Modena-Huhntauben

Haltung

Tauben werden zumeist in Gruppen gehalten, die man als Schwärme bezeichnet.

Die Haltung erfolgt gewöhnlich in Taubenschlägen, wobei man je nach Konstruktion zwischen Einbau-, Boden-, Garten- und Offenschlägen unterscheidet. Besondere Formen freistehender Taubenschläge stellen Taubentürme und Taubenhäuser dar.

Unabhängig von der Konstruktion gleichen sich aber die Ansprüche, die die Tauben an ihr Quartier stellen. So muss der Taubenschlag zugluftfrei, sauber und trocken sein. Die darin befindlichen Nistbereiche können sowohl neben als auch übereinander angeordnet sein. Gut bewährt haben sich Nistbatterien, von denen jeder Einzelbereich wie ein Starenkasten ohne Vorderfront aussieht. Höhe, Breite und Tiefe der Nistbereiche müssen je nach Taubenrassen zwischen 25 und 35 cm betragen. Damit die Nester in diesen offenen Kästen einen sicheren Halt bekommen, hat es sich bewährt, wenn die Bodenbretter nach hinten leicht angeschrägt sind. Des Weiteren sollte innerhalb des Schlages für jede Taube eine Grundfläche von etwa einem Viertel- bis zu einem Fünftelquadratmeter zur Verfügung stehen.

Die Einfluglöcher des Schlages sind möglich nicht an der Wetterseite anzubringen und mit kleinen Vorbrettern zu versehen, auf denen die Tauben sicher landen können. Außerdem ist es wichtig, dass die Einfluglöcher so angelegt sind, dass weder Marder noch streunende Katzen bis dorthin gelangen können.

Die meisten Kleintierhalter, die Fleischtauben pflegen (bei denen es sich nicht unbedingt um Rassevertreter handeln muss, weil auch viele frohwüchsige Hybriden den gleichen Zweck erfüllen) bauen am Taubenschlag keine Voliere an. Stattdessen ermöglichen sie es ihren Tieren, auf die Felder und Brachen der Umgebung zu fliegen, um dort einen Teil des Futters zu suchen.

Taubenschlag

© Axel Gutjahr – Fotolia.com

Nachzucht und Vermehrung

Sobald bei den Haustauben die Geschlechtsreife einsetzt, suchen sie sich unter den Artgenossen des Schlages einen Partner, mit dem sie fortan monogam zusammenleben.

Während die als Täuber bezeichneten männlichen Exemplare die Geschlechtsreife bereits im Alter von 4 Monaten erreichen, dauert dies bei den Tauben (in manchen Regionen auch Täubinnen genannt) etwa einen bis anderthalb Monate länger. Bei guten Tauben kann man pro Jahr mit 7–9 Bruten rechnen, welche 11–18 Jungtauben liefern. Diese Zahlen resultieren zum einen daraus, dass pro Brut stets nur zwei Eier gelegt werden, von denen nicht immer jedes befruchtet ist.

Außerdem treten gelegentlich auch bei den Taubenküken Verluste auf.

Wenige Tage nach der Paarung beginnen die Tauben aus dürren Halmen und Federn ein Nest zu bauen, in das die Täubin ihre Eier legt. Daran schließt sich eine 17–18-tägige Erbrütungsphase an. An dieser beteiligen sich beide Partner. Beim Schlupf der etwa 20–22 g schweren Küken wird sofort eine Besonderheit gegenüber allen anderen Hausgeflügelarten sichtbar. Die Taubenküken kommen nämlich blind sowie weitgehend nackt zu Welt und verkörpern den klassischen Nesthockertyp. Sie sind deshalb in ganz besonderem Maß auf die Körperwärme ihrer Eltern angewiesen, welche ihre Küken häufig hudern, indem sie das Gefieder über den Kleinen ausbreiten. Die Erstnahrung für die Küken stellt die so genannte Tauben- oder Kropfmilch dar. Dabei handelt es sich um ein käseähnliches Sekret, welches die Eltern in ihrem Kropf bilden. Diese Kropfmilch ist enorm nährstoff- und vitaminreich, wodurch die Küken ihr Gewicht in den ersten Lebenstagen fast täglich verdoppeln.

Nach etwa einer Woche beginnen die Altvögel, mit der Kropfmilch auch die ersten einge-

© Kurapy – Fotolia.com

Taubengelege

© Jorgeta – Fotolia.com

Brütende Taube

© Margo Harrison – Fotolia.com

Nestjunge Taube

weichten Körner an ihre Küken zu verfüttern. Nach rund einem Monat wiegen die jungen Tauben je nach Rasse 100–500 g und können dann bereits geschlachtet werden. In diesem Alter ist das Fleisch der Tauben besonders zart und äußerst bekömmlich.

Es hat sich bewährt, den Tauben möglichst häufig sowohl das Futter als auch das Tränkwasser in Trögen anzubieten, welche im Hof oder in dem Gartengrundstück stehen. Für zusätzliches Tränkwasser innerhalb des Schlages bzw. im Taubenhaus haben sich „matschfreie" Taubentränken bewährt, die in Fachgeschäften erhältlich sind.

Fütterung

Vom Ernährungstyp handelt es sich bei den Tauben um Pflanzenfresser, die Körnerfutter besonders gern mögen.

Der Fachhandel bietet verschiedene (oftmals mit Mineralstoffen und Vitaminen angereicherte) Futtergemische an, welche auf die speziellen Ernährungsansprüche der Tauben ausgerichtet sind. Entweder verwendet man eine derartige Mischung als Hauptfutter oder stellt dieses selbst zusammen. Dabei haben sich Gemische aus Getreidekörnern, grob geschroteten Leguminose (Erbsen, Bohnen und Sojabohnen) und Ölfruchtsamen (Raps, Rübsen, Sonnenblumen und Lein) bestens bewährt. Komplettiert wird dieses Hauptfutter durch gelegentliche Grünfuttergaben, die bspw. aus zerkleinerter Vogelmiere sowie Salat- und Rübenblättern bestehen. Außerdem muss man beim Anbieten von selbst zusammengestellten Mischungen darauf achten, dass die Tauben durch regelmäßige Mineralfuttergaben alle wichtigen Mengen- und Spurenelemente erhalten. Ähnlich wie Hühnern kann man den Tauben gelegentlich verschiedene Reste aus der Küche, bspw. gekochte Kartoffeln und Brotreste, anbieten.

Besonderer Bedarf an eiweißreichem Futter

In den Frühjahrs- und Sommermonaten sind bei den Tauben die höchsten Reproduktionsaktivitäten zu verzeichnen. Das bedeutet für die Tiere einerseits ein höheres Maß an Stress und gleichzeitig eine verstärkte Mobilisierung der körperlichen Reserven. Um diese zu regenerieren und dem Stress bestmöglich entgegenzuwirken, muss das Futter während dieser Zeit äußerst gehaltvoll und sehr eiweißreich sein. Ganz speziell benötigen die Tauben dann mehr essentielle, also lebensnotwendige, Aminosäuren, die bspw. in einem hohen Maß in Erbsen und Bohnen enthalten sind.

Eine ähnlich stressige Situation besteht auch in der Mauser, welche sich von August bis Oktober erstreckt. Dann ist ebenfalls ein besonderes Augenmerk auf eine überdurchschnittliche Versorgung mit Eiweiß zu legen.

Nutzgeflügel aus dem Land der Pharaonen und dem alten China

Gänseernährung und -fütterung

Gänsestall, Auslauf und Gewässer

Vermehrung und Nachwuchs

Erzeugnisse von Gänsen

Kurzportraits einiger Gänsearten und -rassen

Gänse

Nutzgeflügel aus dem Land der Pharaonen und dem alten China

Die meisten Hausgänserassen stammen von der Graugans (*Anser anser*) ab. Die früheste Haltung erfolgte vor etwa 4.500 Jahren im alten Ägypten. Allerdings fand dort sehr wahrscheinlich noch keine stärkere züchterische Bearbeitung statt. Vielmehr dürften sich die schwerpunktmäßigen Zentren der Domestikation einige Jahrhunderte später im römischen Imperium und in den einstigen Stammesgebieten der Germanen befunden haben.

Graugänse

Graugänse wiegen etwa 3–3,5 kg, wobei die männlichen, als Ganter oder Gänserich bezeichneten Tiere zumeist etwas schwerer sind als die Gänse. Normalerweise leben Graugänse in größeren Gruppen zusammen, die ihrerseits aus Familienverbänden bestehen. Die Brutzeit konzentriert sich auf die Monate März und April, wobei die Gelege der einzelnen Gänse zumeist 4–6 Eier umfassen. Im Unterschied zur Graugans wurden fast alle Hausgänserassen im Verlauf der Domestikation auf deutlich höhere Körpergewichte gezüchtet, die zwischen 4,5 und 10 kg liegen. Diese Massezunahme ging zu Lasten der Flugfähigkeit. So lässt sich als Faustregel feststellen, je schwerer eine Rasse ist, desto schlechter ist ihr Flugvermögen. In ihren Legeleistungen übertreffen die Hausgänse die Graugänse um ein Vielfaches. Allerdings führte diese Legefreudigkeit bei nicht wenigen Rassen zu einer Reduzierung der Brutbereitschaft.

Die Höckergänse repräsentieren in Mitteleuropa die einzige Gänserasse, die nicht von der Graugans, sondern von der Schwanengans (*Anser cygnoides*) abstammt.

Ihre Domestikation erfolgte wahrscheinlich schon vor etwa 5.000 Jahren im alten China,

Schwanengans

wo die gefangenen Tiere nicht nur gezähmt wurden, sondern man auch relativ schnell damit begann, sie züchterisch zu bearbeiten. Das Gewicht erwachsener Schwanengänse schwankt, genau wie bei den Graugänsen, zwischen 3 und 3,5 kg. Im Verlaufe der Domestikation entstanden zwei Höckergansrassen, und zwar die Chinesische und die Afrikanische Höckergans. Die Chinesische Höckergans ähnelt in ihrem Gewicht der Schwanengans und wirkt außerdem eleganter und anmutiger als die deutlich schwerere Afrikanische Höckergans.

Gänseernährung und -fütterung

Gänse sind reine Vegetarier, die sich erst richtig wohlfühlen, wenn sie sich als Weidetiere regelmäßig auf Grünland tummeln können.

Von dem vorhandenen Grünaufwuchs nehmen die erwachsenen Gänse der schweren Rassen täglich bis zu einem Kilogramm auf. Dadurch versorgen sich diese Tiere zumindest während der wärmeren Jahreszeit weitgehend allein mit den für ihren Körper erforderlichen Vitaminen und pflanzlichen Eiweißen. Außerdem sind die meisten Grünpflanzen sehr mineralstoffhaltig, so dass keine oder nur eine geringe Ergänzung mit einem mineralstoffreichen Fertigfutter erforderlich ist.

Falls die vorhandene Weidefläche nicht genügend Grünfutter bietet, muss eine Zufütterung erfolgen. Hierfür eignen sich vor allem fein gehackte Brennnesseln, Klee, Luzerne, Löwenzahn, Rübenblätter, Möhrenkraut, Grünhafer (das ist Hafer, der bereits vollständig als junge Pflanze geerntet wird), Blattsalate sowie gut zerkleinerte Küchenabfälle von Kohlarten.

Neben dem Grünfutter benötigen die Gänse auch Kraft- und Saftfutter, welches sich vor allem aus geschroteten Hafer-, Gersten-, Mais- und Sonnenblumenkörnern, Kleien, gekochten Kartoffeln, Sojamehl und -schrot, eingeweichten (nicht schimmelpilzbehafteten) Brot- und Brötchenresten sowie kleinen Möhren- und Rübenschnitzel zusammensetzt.

Des Weiteren kann man auch zu Schnitzel zerkleinertes Kernfallobst sowie geschrotete Eicheln, Kastanien und Bucheckern anbieten. Auch klein gehackter Knoblauch und Küchenzwiebeln werden von den Gänsen gern genommen und wirken sich positiv auf deren Gesundheit aus. Weil Gänse kein trockenes Futter mögen, mengt man aus dem Kraft- und Saftfutter unter Zugabe von lauwarmem Wasser einen dünnen Brei, den die Tiere in sich „hineinschnattern" können.

Eine besondere Vorliebe haben Gänse für zarte Wasserpflanzen. Falls die Möglichkeit besteht, Wasserlinsen (im Volksmund auch als Entengrütze oder -flot bezeichnet) von den Oberflächen eines Teiches oder eines wasserführenden Grabens zu entnehmen, sollte diese Chance genutzt werden. Zum Abfischen der Wasserlinsen eignet sich bspw. ein ausgedientes Küchensieb, das man an einem kräftigen Stab oder einer Teleskopstange befestigt. In manchen Gewässern gedeihen auch zarte

Gänse lieben es, auf Grünflächen zu grasen.

Unterwasserpflanzen, wie etwa Wasserpest (*Elodea canadensis*) und Hornkrautarten (*Ceratophyllum* spec.) derartig üppig, dass sie ein fast undurchdringliches Blattgewirr bilden. Aus solchen Gewirr kann man hin und wieder mit einem Rechen einen Teil der Pflanzen „auskämmen" und ebenfalls an die Gänse verfüttern. Insofern einem diese Gewässer nicht selbst gehören, ist es aber äußerst ratsam, zuvor von den jeweiligen Besitzern eine schriftliche Genehmigung einzuholen. Dadurch erspart man sich zumeist eventuelle Rechtsstreitigkeiten.

Genau wie Hühner besitzen auch Gänse einen Muskelmagen, in dem mit Hilfe von Grit,

Klein gehackt, eignen sich auch Küchenzwiebeln als gelegentliches Gänsefutter.

Wasserlinsen werden auch oft als Entengrütze oder Entenflot bezeichnet.

also kleinen Steinchen, die Nahrung zermahlen wird. Deshalb muss für Gänse bspw. in Form einer kleinen, mit Sand und feinem Kies bestückten Fläche immer die Möglichkeit bestehen, Grit aufzunehmen. Des Weiteren gilt es, darauf zu achten, dass den Gänsen jederzeit frisches Tränkwasser zu Verfügung steht und dieses auch in einem ausreichend tiefen Trog oder sonstigem Behälter angeboten wird. Die Gänse wollen nämlich bei der Flüssigkeitsaufnahme ihren gesamten Schnabel ins Wasser tauchen.

Erwachsene Gänse erhalten zweimal täglich eine möglichst abwechslungsreiche Fütterung, die ihnen am besten morgens und am Nachmittag angeboten wird. Dabei können die Tagesrationen für eine 4–5 kg schwere Gans wie folgt gestaltet werden. Wenn die Rationen schnell aufgefressen werden, erhöht man sie künftig ein wenig. Lassen die Gänse davon viel im Trog zurück, erfolgt eine leichte Reduzierung.

1. Beispiel
- 100 g geschrotete Haferkörner
- 100 g zerquetschte Kartoffeln
- 50 g Gestenkleie
- 80 g Rübenschnitzel

2. Beispiel
- 100 g geschrotete Maiskörner
- 50 g zerquetschte Kartoffeln
- 60 g Soja
- 70 g Möhrenschnitzel

Bei einer mutterlosen Aufzucht sollten die Gössel, also die frisch aus den Eiern geschlüpften Küken, anfangs sechsmal täglich Futter erhalten. Pro weiterer Lebenswoche bietet man pro Tag einmal weniger Futter an, erhöht aber gleichzeitig die Futtermengen immer mehr.

Zur Aufzucht eignet sich das im Handel erhältliche Starterfutter für Gänse und Enten, welches man durch Grünfutter sowie feinste Möhren- und/oder Rübenschnitzel komplettiert. Dabei ist auf eine umfangreiche Versorgung mit sehr jungem Grünfutter zu achten. Diese enthält nämlich besonders viel pflanzliches Eiweiß, welches die Gösseln für eine gesunde Entwicklung benötigen. Falls man das Starterfutter für Gössel selbst zusammenstellen möchte, sollte die tägliche Futtermenge etwa 3 % Mineralstoffe enthalten, die unter anderem für die Skelettentwicklung sehr wichtig sind.

Gänsestall, Auslauf und Gewässer

Gänse stellen relativ geringe Ansprüche an ihren Stall, der aber trotzdem weitgehend zugluftfrei und trocken sein sollte. Pro erwachsene Gans muss eine Stallgrundfläche von mindestens einem Dreiviertel Quadratmeter zur Verfügung stehen. Als Einstreu eignet sich grob gehacktes Stroh am besten. Dieses bleibt nämlich weniger an den Füßen kleben als Hobelspäne. Weil sich die Gänse – anders als Hühner – nur am Stallfußboden aufhalten, muss die Einstreuschicht im Winter am besten 20 cm dick sein. Dadurch wird bei extremen Frostgraden ein Anfrieren der Zehen und Schwimmhäute vermieden. Ein klappbares Fenster sorgt sowohl für Helligkeit als auch für einen guten Luftaustausch im Stall. Wichtig ist weiterhin, dass der Stall vor allem in den Nachtstunden keine Öffnungen bietet, durch welches Raubwild eindringen kann. Die Nester, die man am besten als Buchten gestaltet, sind ebenerdig zu installieren und ebenfalls mit einer dicken Strohschicht zu bestücken. Ein Futter- sowie ein Wassertrog komplettieren die Stalleinrichtung.

Beispiel für einen Gänsestall (für drei Gänse und einen Ganter)

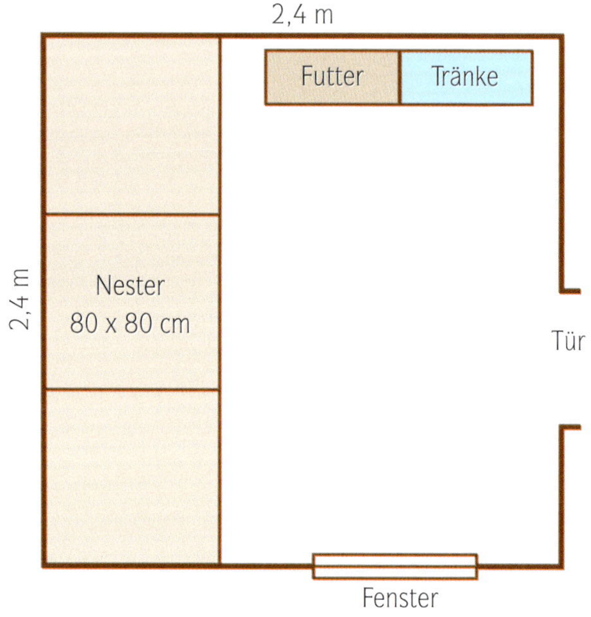

Am günstigsten ist es, wenn sich der Auslauf bzw. die Weideflächen direkt an den Stall anschließen.

Letztere kann eigentlich gar nicht groß genug sein. Zu deren Umfriedung genügt ein Zaun, dessen Höhe 1–1,20 m beträgt. Des Weiteren hat es sich bewährt, wenn auf der Weidefläche einige Gehölze stehen, die weder giftige Blätter noch Früchte haben. Diese Gehölze bieten an heißen Sommertagen genügend Schatten, in den sich die Tiere vor allem während der Mittagstunden zurückziehen können. Sind derartige Gehölze nicht vorhanden, lässt sich aus zwei in die Erde geschlagenen Holzpfählen und einer großen Bastmatte eine Art Sonnensegel konstruieren, das den Tieren ebenfalls Schatten spendet. Wer nur eine recht begrenzte Weidefläche besitzt und verhindern möchte, dass die Gänse viel Aufwuchs niedertreten, kann diese mit Hilfe eines leicht versetzbaren Textilzauns in Parzellen unterteilen. Sobald die Gänse eine Parzelle abgeweidet haben, werden sie einfach auf die nächste getrieben.

Falls es sich irgendwie realisieren lässt, bietet man den Gänsen eine Schwimmmöglichkeit an. Allerdings stellt eine ausgediente alte Badewanne dafür keine akzeptable Variante dar. Stattdessen sollte es schon ein Teich oder ein Bassin sein, dass für eine kleine Gänsegruppe eine Wasseroberfläche von 15–20 m^2 bei einer Wassertiefe von mindestens 80–100 cm aufweist. Um zu vermeiden, dass sich insbesondere kleinere Schwimm- und Bademöglichkeiten im Laufe der Zeit in eine unangenehm riechende „Brühe" verwandeln, ist ein regelmäßiger Teilwasseraustausch ratsam. Für diesen Austausch kann man bspw. den Inhalt einer Zisterne nutzen und gleichzeitig das ursprünglich im Teich vorhandene Wasser zum Gießen des Gartens verwenden. Das bietet den

Gänse im Freiland

Vorteil, dass man Dünger für die Pflanzen spart. Dieser liegt in dem entnommenen Teichwasser schon in gelöster Form vor und kann von den Gartenpflanzen leicht aufgenommen werden. Einmal pro Jahr sollte eine Generalreinigung des Teiches erfolgen. Zu diesem Zweck lässt man das gesamte Wasser ab und entfernt den am Boden angesammelten Schlamm, bei dem es sich ebenfalls um einen hervorragenden Dünger für den Garten handelt.

Vermehrung und Nachwuchs

Zur Vermehrung sollte das Verhältnis zwischen Ganter und Gänsen nicht mehr als 1:6 betragen. Wichtig ist, dass sich die Gänse vor der Verpaarung schon kennen. Aus diesem Grund sollte man neue/fremde Gänse spätestens im Dezember in eine schon bestehende Zuchtgruppe integrieren, damit die Tiere im folgenden Frühjahr erfolgreiche Bruten durchführen. Des Weiteren muss für eine Befruchtung eine Schwimmmöglichkeit zur Verfügung stehen, denn die Gänse paaren sich auf dem Wasser.

Sobald eine Gans mit dem Legen beginnt, markiert man das erste Ei mit einem kleinen Bleistiftkreuz. Dieses bleibt auch im Nest liegen, während man die folgenden Eier täglich herausnimmt und bei einer Temperatur von 8–10 °C aufbewahrt. Sobald die Gans mit dem Legen aufhört und ihr Nest mit Daunenfedern polstert, beginnt die eigentliche Brutphase. Dann legt man alle zuvor entnommenen Eier ins Nest zurück. Dabei hat es sich bewährt, der Gans ihre älteren Eier einen Tag früher unterzu-

Zur Gänsevermehrung ist ein Gewässer unbedingt erforderlich

© Marina Kuchenbecker – Fotolia.com

Gans mit Gösseln

© Marina Kuchenbecker – Fotolia.com

Drohender Ganter

schieben als die jüngeren. Das anschließende Ausbrüten der Eier dauert zumeist 28–30 Tage. Im Extremfall können auch 33 Tage vergehen.

Die kleinen Gössel sind ganz typische Nestflüchter. Sie folgen ihrer Mutter nicht nur zu Fuß überall hin, sondern begleiten sie auch aufs Wasser. Bei Gänsen, die im Familienverband gehalten werden, übernimmt die Mutter auf dem Wasser die Führung, während der Ganter die Nachhut bildet. Der Ganter kümmert sich aber nicht nur im Wasser, sondern auch an Land sehr intensiv um seine Familie. Sobald der Ganter für diese eine potentielle Gefahr registriert (mitunter ist das bereits eine ihm nicht vertraute Person), wird er oft recht aggressiv.

Er beginnt dann gewöhnlich, den potenziellen Feind mit lang nach vorn gestrecktem Hals, zischenden Geräuschen, Schnabelhieben und Flügelschlägen zu attackieren.

Neben der natürlichen Brut ist es selbstverständlich auch mit Gänseeiern möglich, diese maschinell erbrüten zu lassen.

Erzeugnisse von Gänsen

Das wichtigste Erzeugnis der Gänse stellt gegenwärtig zweifelsfrei ihr schmackhaftes, saftiges Fleisch dar, welches viele Menschen lieber mögen als das von Puten oder Hühnern. Allerdings ist das Gänsefleisch auch deutlich fett- und kalorienreicher. Besonders beliebt ist ein knuspriger Gänsebraten während der kalten Jahreszeit, in welcher er gern zu verschiedenen Festen, bspw. am Martinstag und zu Weihnachten, genossen wird. Eines großen Zuspruchs erfreut sich auch das Gänseschmalz, das nicht nur ein Nahrungsmittel darstellt, sondern auch in der Kosmetik sowie in der Volksmedizin (bspw. bei Ohrenerkrankungen) zum Einsatz kommt. Neben dem Fleisch spielen in einigen Regionen auch Gänseeier als lokale Spezialitäten eine Rolle. Früher nutzte man außerdem Gänsefedern und Daunen sehr häufig zum Befüllen von Bettinletts. Inzwischen wurden diese jedoch zumeist durch pflegeleichtere und hygienischere Kunststoffflocken ersetzt. Anders als in den Federn sammeln sich nämlich in den Kunststoffflocken keine mikroskopisch kleinen Milben an, die Substanzen abgeben, welche für die menschliche Gesundheit nicht förderlich sind. Falls man geschlachtete Gänse selbst rupft, müssen jedoch die Federn nicht in die Restmülltonne „wandern". Stattdessen lassen sie sich als wertvoller organischer Dünger in Beeten untergraben oder verkompostieren.

Kurzportraits einiger Gänsearten und -rassen

Afrikanische Höckergans

Gewicht Ganter: 7–8 kg
Gewicht Gans: 4–6 kg

Diese Rasse gelangt im 18. Jahrhundert über Madagaskar nach Amerika und Europa, wo sie sich dauerhaft als Nutzgeflügel etablieren konnte. Es handelt sich um eine schwere, tief gestellte Gans mit kräftiger Brust und aufrechter Körperhaltung. Rassetypisch sind der lange, fast grazil wirkende Hals und die am Oberschnabel ausgeprägte, höckerähnlich Wulst, von welcher sich der Populärname dieser Tiere ableitet. Früher wurde diese Rasse oft als Chinesengans (nach ihrem ursprünglichen Zuchtgebiet) genannt.

Afrikanische Höckergänse haben ein ruhiges Wesen. Ihre Brutbereitschaft ist allerdings nicht sonderlich gut ausgeprägt. Außerdem erweisen sie sich gegenüber anderen Gänserassen als etwas aggressiv.

Diepholzer Gans

Gewicht Ganter: 6,5–7 kg
Gewicht Gans: 5,5–6 kg

Diese Rasse wurde nach ihrer Entstehungsregion, der niedersächsischen Grafschaft Diepholz benannt, wo sie im 19. Jahrhundert „das Licht der Welt erblickte". Es handelt sich um rein weiße, sehr aufrecht laufende Gänse, deren Körperform noch stark an die der Graugans erinnert. Diepholzer Gänse haben sich als sehr robust erwiesen und verfügen außerdem über eine gute Marsch- sowie Weideeignung. Darüber hinaus sind diese Gänse sehr anspruchslose Futterverwerter, die sich sogar mit Sauergräsern begnügen, wenn keine bessere Nahrung zur Verfügung steht. Bei zu üppiger Fütterung neigen die Diepholzer Gänse sogar zur Ausbildung einer Bauchwamme, welche jedoch vom züchterischen Standpunkt aus unerwünscht ist.

Die Rasse brütet zuverlässig und führt die Gössel vorbildlich.

Lockengans

Gewicht Ganter: 5–6 kg
Gewicht Gans: 4,5–5 kg

Die Lockengans ging aus Hausgänsen hervor, die in Südosteuropa und in der Schwarzmeerregion gehalten wurden. Bei der Lockung handelt es sich um eine Gefieder-Mutation, die in unterschiedlichen Ausprägungsgraden vererbt wird. Im Extremfall kann die Lockung bei einzelnen Tieren sogar völlig fehlen. Solche Exemplare sollte man verständlicherweise nicht als Zuchttiere nutzen. Darüber hinaus tragen auch Umwelteinflüsse, insbesondere Wasser – möglichst durch Haltung auf Bächen oder Naturteichen – mit zur Ausbildung einer besonders schönen Lockung bei.

Ein Zuchtziel besteht für diese sehr edel aussehende Gänserasse darin, Exemplare mit möglichst gleichmäßigen Lockenfedern zu selektieren. Diese Lockenfedern sollen dicht von den Schultern und dem Rücken herabhängen.

Die Brutbereitschaft bei den Lockengänsen, die mitunter auch als Strupp- oder Seidengänse bezeichnet werden, ist sehr hoch. Das Wachstum der Gössel verläuft jedoch etwas zögerlich.

Pommerngans

Gewicht Ganter: 8–9 kg
Gewicht Gans: 7–8 kg

Es handelt sich bei der Pommerngans, die auch als Rügener Gans bezeichnet wird, um eine sehr alte Rasse, die es sowohl in den Farbschlägen Weiß, Grau als auch Grau-Weiß gescheckt gibt. Pommerngänse sind schwere Tiere mit einem eiförmigen Körper, der eine Bauchwamme ausbildet. Die Brust sowie die Schultern sind breit und stellen dadurch eine gute Basis für einen reichlichen Fleischansatz dar.

Die Weideeignung dieser Gänse ist hervorragend. Zudem zeichnet sich diese Rasse durch ein ruhiges Wesen sowie einen guten Bruttrieb und hervorragende Muttereigenschaften aus, denn die Gössel werden fast immer vorbildlich geführt. Allerdings umfassen die bebrüteten Gelege der Pommerngänse zumeist nicht mehr als 15 Eier. Deshalb bieten sich die Pommerngänse sehr gut zum Unterschieben von Eiern anderer Gänserassen an.

Toulouser Gans

Gewicht Ganter: 9–10 kg
Gewicht Gans: 8–9 kg

Toulouser Gänse sind in Frankreich seit dem 14. Jahrhundert bekannt. Diese asch- bis blaugrauen Tiere zeichnen sich durch einen enorm massigen, aber damit auch zur üppigen Verfettung neigenden Körperbau aus. Sie besitzen einen breiten Hals mit ausgeprägter Kehlwamme und eine doppelte, nach hinten geschlossene Bauchwamme.

Diese unter den Gänsen fast majestätisch wirkende Rasse hat ein sehr ruhiges Wesen und wird gegenüber ihrem Halter schnell zutraulich. Allerdings sind Toulouser Gänse im Vergleich zu leichteren Rassen weniger fruchtbar. An das Futter und die Weide stellen Toulouser Gänse deutlich höhere Ansprüche als andere Rassen. Darüber hinaus bereitet die Aufzucht der Gössel gelegentlich Probleme, weil diese gegenüber rauen Witterungseinflüssen sehr empfindlich sind.

Steinbacher Kampfgans

Gewicht Ganter: 5,5–6 kg
Gewicht Gans: 4,5–5,5 kg

Diese Rasse entstand im 19. Jahrhundert im thüringischen Steinbach-Hallenberg, indem man alte Landgänserassen mit Höckergänsen verpaarte. Im Rahmen dieser Züchtung entstanden die Farbschläge Hellblau, Grau und Silbergrau.

Ursprünglich war beabsichtigt, diese Ganter ähnlich wie bei Hahnenduellen, solange gegeneinander kämpfen zu lassen, bis ein Exemplar nicht mehr aufstehen konnte. Derartige Ansinnen verbieten sich inzwischen glücklicherweise nicht nur aus tierschutzrechtlichen, sondern ebenso aus ethischen Gründen.

Steinbacher Kampfgänse sind zwar im Vergleich zu vielen anderen Gänserassen relativ leicht, besitzen aber trotzdem einen sehr kompakt wirkenden Körper und einen gedrungenen kräftigen Hals. Die Körperhaltung der Tiere ist aufrecht und außerdem verhalten sie sich sehr agil. Darüber hinaus zeichnen sich die Steinbacher Kampfgänse durch eine gute Weidetauglichkeit, eine große Robustheit sowie eine hervorragende Toleranz gegenüber Kälte und Wind aus.

Steinbacher Kampfgänse brüten gut und betreuen ihre Gössel aufopferungsvoll. Das Fleisch dieser Gänserasse ist sehr feinfaserig und besonders wohlschmeckend.

Enten

Drei, die in Wirklichkeit nur zwei sind

Neben „normalen" Hausenten und Flugenten erfreuen sich in zunehmendem Maße auch Indische Laufenten einer großen Beliebtheit. Auf den ersten Blick erscheinen diese drei Ententypen auch recht verschieden – aber eben nur auf den ersten Blick. Für die Hausenten und die Indischen Laufenten fungierte nämlich die Stockente (*Anas platyrhinchos*) als gemeinsame Stammform.

Die Domestikation der Hausenten erfolgte vor etwa 3.000 Jahren gleichzeitig in Europa, Asien sowie in Nordamerika. Wann es genau die

Stockentenerpel

Hausentenrassen unterscheiden sich unter anderem in der Gefiederfärbung.

Flugenten mit Küken

ersten Laufenten gab, konnte bisher noch nicht eindeutig ermittelt werden. Fest steht jedoch, dass diese Tiere ihren züchterischen Ursprung in Südostasien hatten, von wo sie Mitte des 19. Jahrhunderts auf dem Seeweg nach Europa gelangten.

Bis zur Gegenwart wurde eine größere Anzahl an Hausentenrassen herausgezüchtet, die sich vor allem in ihrem Gewicht, ihrer Gefiederfärbung und ihrer Legeleistung unterscheiden.

Aufgrund dieser differenzierten Eigenschaften ist es auch üblich, die Hausenten in

- Legerassen
- Zweinutzungsrassen, auch Zwierassen oder Zwieenten genannt, und
- Fleischrassen zu unterteilen.

Bei den Legerassen handelt es sich um leichtere Rassen, mit hervorragenden Legeleistungen.

So kann man bei Spitzentieren mit mehr als 300 Eiern pro Ente und Jahr rechnen. Die Zweinutzungsrassen sind ebenfalls relativ gute Leger und weisen gleichzeitig einen reichlichen Fleischansatz auf.

Für die Fleischrassen sind verhältnismäßig hohe Körpergewichte charakteristisch. Allerdings sollte man diese Tiere nicht zu üppig mästen, weil sonst die meisten Rassen zu einem hohen Fettansatz neigen, der aus Sicht des Verbrauchers unerwünscht ist.

Im Unterschied zu den Haus- und den Indischen Laufenten handelt es sich bei der Flugente (*Cairina moschata*), die auch als Barbie-, Stumm-, Türken- oder Warzenente bezeichnet wird, um ein in Süd- und Mittelamerika entstandenes Nutztier. Noch heute besiedelt ihre Stammform ein Verbreitungsareal, das sich von Mexiko bis Paraguay erstreckt.

Als Kolumbus Ende des 15. Jahrhunderts Amerika entdeckte, hielten die Inka bereits Flugenten als Hausgeflügel. Rund 50 Jahre später brachten Seefahrer die ersten Exemplare dieser Tiere nach Europa, wo man sie bald darauf als kulinarische Delikatesse schätzte.

Fleischige Auswüchse waren namensgebend
Der Populärname „Warzenente“ resultiert von den wulstigen, leuchtend roten, fleischigen Auswüchsen, die sich am Schnabelgrund befinden. Diese Auswüchse sind bei den männlichen als Erpeln bezeichneten Exemplaren wesentlich ausgeprägter als bei den Enten.

Steckbrief Indische Laufente

Die Indische Laufente wird aufgrund ihres aufrechten Ganges auch oft als Pinguin- oder Flaschen- bzw. nur als Laufente bezeichnet. Inzwischen existieren von dieser Rasse zahlreiche Farbschläge, welche sich unter anderem von Reinweiß über Forellenfarbig, Erbsengelb, Blau und Braun bis Schwarz erstrecken.

Gefiederfärbungen bei Laufenten

Laufenten sind sehr agile Tiere.

Die Erpel der Indischen Laufenten erreichen Gewichte von 1,5–2,0 kg, während die Weibchen meist nur 1,2–1,4 kg wiegen. Am einfachsten lassen sich die Geschlechter anhand der so genannten Schwanzlocken unterscheiden, die nur die Erpel ausbilden.

Dabei handelt es sich um fast kreisrunde Federn, die vertikal auf dem Steiß (Bürzel) sitzen.

Der Hals ist relativ kurz und mündet in den walzenförmigen Rumpf, welcher von zwei relativ dünnen Beinen getragen wird.

Wie es bereits ihr Name erahnen lässt, haben die Laufenten ein sehr munteres, agiles Wesen und können beim Laufen eine recht beachtliche Geschwindigkeit entwickeln. Dabei wirkt ihr Laufstil fast wie eine Zwischenform aus Watscheln und einem 60-m-Sprint.

Die Indische Laufente verkörpert eine typische Legerasse. Leistungsstarke Exemplare legen pro Jahr 220–250, in Ausnahmefällen sogar bis zu 300 Eier. Allerdings ist ihr Drang zum Brüten nur wenig entwickelt. Aus diesem Grund ist es bei den meisten Enten erforderlich, die Eier künstlich auszubrüten oder einer anderen Geflügelart unterzuschieben.

Laufentenerpel mit typischer Schwanzlocke

Laufenten besitzen ein sehr zartes Fleisch, das im Vergleich zu dem der Hausenten einen deutlich geringeren Fettgehalt aufweist.

Sowohl bei zahlreichen Kleintierhaltern als auch bei Hobbygärtnern erfreuen sich die Indischen Laufenten einer ganz besonderen Beliebtheit, weil sie sehr emsig den unerwünschten Spanischen Nacktschnecken (*Arion vulgaris*) nachstellen. Allerdings produzieren die Schnecken enorm viel Schleim, wenn sie von den Enten verschlungen werden. Damit die Enten ihre Schnäbel immer wieder reinigen können und gleichzeitig Verklebungen vermeiden, müssen sie jederzeit uneingeschränkten Zugang zum Tränkwasser haben.

Steckbrief Hausente

Hausenten haben einen recht kompakten Körperbau mit einer breiten Brust und einem kräftigen langen Hals, der jedoch im Verhältnis

Hausente

Flugentenerpel

zur Gesamtproportion kürzer als bei den Gänsen ist. Der Körper ruht auf kräftigen Keulen. Anders als bei den Laufenten wirkt jedoch die Fortbewegungsweise der Hausenten an Land zumeist ein wenig plump.

Je nach Rasse erreichen Hausenten Gewichte zwischen 1,5 und 5 kg, wobei die Erpel zumeist 0,5–1 kg schwerer als die Weibchen sind. Analog zu den Laufenten stellen auch bei den Hausenten die Schwanzlocken Merkmale dar, an denen sich die Erpel problemlos erkennen lassen.

Außer in ihrer Körpermasse unterscheiden sich die einzelnen Entenrassen in ihrer Gefiederfärbung, die von Weiß und Wildfarben, über verschiedene Gelb-, Grau-, Blau- und Brauntöne bis zu Schwarz variiert. Manche Rassen zeigen auch mehrere Färbungen in ihrem Gefieder, wobei aber zumeist eine dominiert.

Hinsichtlich der Brutbereitschaft existieren zwischen den einzelnen Rassen ebenfalls Unterschiede. Als Faustregel kann man sich merken, je legefreudiger eine Rasse ist, desto weniger Ambitionen hat sie zur Brut. Eine ähnliche Tendenz ist auch bei der Stressempfindlichkeit vorhanden. Während schwere Rassen im Allgemeinen etwas phlegmatischer sind, regen sich die leichteren gewöhnlich schneller auf.

Steckbrief Flugente

Flugentenerpel können Gewichte von 5–6 kg, im Extremfall auch von 7 kg erreichen, während die Enten gut 2 kg leichter sind.

Außer an ihren sehr großen, fleischigen Schnabelauswüchsen kann man die Erpel auch anhand des kleinen, auf dem Scheitel befindlichen Federkamms identifizieren, welcher den Enten fehlt. Die Färbung des Gefieders variiert bei den Warzenenten von einfarbig Weiß über Grau und Braun bis zu Schwarz.

Daneben existieren noch mehrere gescheckte Formen. Bspw. zeigt eine relativ oft gehaltene Scheckungsvariante eine weiße Grundfärbung, von welcher sich die schwarzen Flügel und die ebenso gefärbte Schwanzregion markant abheben.

Flugente mit brauner Gefiederfärbung

Im Vergleich zu anderem Wassergeflügel, das bei plötzlichen Beunruhigungen zur Panik neigt, verhalten sich Flugenten schon fast ein wenig phlegmatisch. Das bedeutet aber nicht, dass sich diese Tiere alles gefallen lassen. Im Gegenteil, sobald die Flugentenerpel eine vermeintliche Bedrohung für sich, ihre Enten oder ihre Reviere sehen, attackieren sie mutig die Störenfriede, wobei sie zischende Laute abgeben.

Im Vergleich zu den meisten Hausentenrassen setzen Flugenten nicht nur weniger Fett an, sondern sind auch vollfleischiger. Letzteres betrifft vor allem das Fleisch an Brust und Keulen, welches als besonders hochwertig gilt.

Entenernährung und -fütterung

Enten verkörpern den Ernährungstyp des Allesfressers. Neben vornehmlich weichen pflanzlichen Komponenten fressen sie auch Würmer, Schnecken, Insekten und stellen in Gewässern Kaulquappen sowie kleinen Lurchen und Fischen nach.

Im Vergleich zum Hühnerfutter, das möglichst mehr als 20 % Rohprotein enthalten sollte, muss das Futter der Enten nicht ganz so eiweißreich sein. Für sie genügen Grundfuttermischungen, deren Rohproteinanteil zwischen 16 und 18 % liegt. Falls man das Grundfutter selbst mischen möchte, eignen sich dafür gequetschte Hafer- und Maiskörner, gekochte Kartoffeln, Kleien sowie geschrotete Sojabohnen bzw. Sojamehl, zu dem man Mineralstoffe hinzufügt (etwa 2–3 % der Gesamtfuttermenge).

Nachfolgend ein Beispiel einer **Tagesration** für eine 3–4 kg schwere Ente:

- 80 g geschrotete Maiskörner
- 90 g zerquetschte Kartoffeln
- 40 g Weizenkleie

Des Weiteren eignen sich Nahrungsreste, die gelegentlich in der Küche anfallen. Neben Brot- und Brötchenresten kann man den Enten auch übrig gebliebene Graupen-, Reis-, Kartoffelsuppe, gekochte Nudeln sowie Milchreis, Griesbrei und zerkleinerte Klöße anbieten. Am liebsten mögen es die Enten, wenn harte Futterkomponenten zuvor in Wasser eingeweicht werden und dadurch eine matschige bis dünnbreiige Konsistenz erhalten. Ganz besonders hoch stehen Magermilch, Molke und Quark im Kurs. Derartige Futterkomponenten verschlingen die Enten stets mit sichtlichem Behagen.

Ein wenig angebotenes, aber gern gefressenes Futter

In manchen fischfreien Dorfteichen wimmelt es während der warmen Jahreszeit regelrecht von Wasserflöhen (*Daphnia* spec.). Mitunter sind diese Wasserflohpopulationen so individuenreich, dass sie stellenweise rötliche Wolken im Wasser bilden. Dann kann es durchaus lohnenswert sein, ein- bis zweimal pro Woche derartige „Wolken“ mit einem großen Kescher zu fangen. Oft benötigt man dann nur 15 Minuten um 3–5 l Wasserflöhe zu keschern, die ohne Wasser in einen Transportbehälter gegeben werden. Zu Hause mischt man die kalorienarmen, jedoch vitamin- und mineralstoffreichen Wasserflöhe mit gequetschtem Hafer und verfüttert dieses Gemenge anschließend sofort.

Zusätzlich zum Grundfutter benötigen die Enten reichlich frische pflanzliche Nahrung. Falls die Tiere in einem großen, gut bewachsenen Auslauf gehalten werden, suchen sie sich diese zumindest während der wärmeren Jahreszeit zum Teil selbst. Ansonsten ist eine Zufütterung notwendig. Als „grünes Zufutter“ eignen sich fein gehackte Brennnesseln, junges Gras, Vogelmiere, Salatblätter, Löwenzahn, Rübenblätter, Grünkohlblätter, Wasserlinsen und zarte Unterwasserpflanzen (siehe hierzu auch Kapitel Gänseernährung und -fütterung, S. 143 ff.). Zum Komplettieren bietet man einmal pro Woche sehr kleine Möhren- oder Rübenschnitzel an, die sowohl von Futter- als auch Zuckerrüben stammen können.

Die Fütterung von Entenküken folgt nach dem gleichen Schema wie die von jungen Gösseln (siehe auch hierzu Kapitel Gänseernährung und -fütterung, S. 143 ff.).

Entenküken kann man das gleiche Futter wie Gösseln anbieten.

Entenstall, Auslauf und Gewässer

Von seinem Grundaufbau lässt sich ein Entenstall in ähnlicher Weise wie ein Gänsestall (siehe hierzu Kapitel Gänsestall, Auslauf und Gewässer, S. 145 ff.) gestalten.

Als Einstreu nutzt man ebenfalls grob gehacktes Stroh. Allerdings genügt es, wenn pro erwachsene Ente ein Drittel- bis ein halber Quadratmeter Stallgrundfläche zur Verfügung steht. Wie alle Geflügelställe muss sich auch der Entenstall nachts so verschließen lassen, dass keine Einlasspforten für Raubwild, insbesondere Marder- und Füchse, vorhanden sind.

Den Auslauf, der mindestens eine sehr feinkiesige Stelle zur Gritaufnahme enthalten soll, legt man so groß wie möglich an. Zu seiner Einfriedung genügt für die meisten Hausentenrassen sowie für Laufenten ein 70–80 cm hoher Zaun. Bei sehr weitläufigen Grünlandarealen bietet es sich an, die Fläche mittels eines einfach aufzubauenden und leicht versetzbaren Netzzauns in Parzellen zu unterteilen. Wie bei jeder Parzellierung einer größeren Weidefläche sollte man sich auch bei der Entenhaltung von dem Prinzip „Kurze Besatz- und lange Ruhezeiten" leiten lassen.

Durch die Unterteilung der Fläche in mindestens 3–4 Parzellen bestehen dann nicht nur gute Regenerationschancen für den Aufwuchs, sondern es werden dadurch auch oftmals Krankheitserregerketten unterbrochen. Zahlreiche Krankheiterreger, die mit dem Entenkot ausgeschieden werden, können nämlich außerhalb des Darmtraktes nur wenige Stunden oder Tage überleben. Wenn man die Enten nach drei oder vier Wochen erneut auf eine der ursprünglichen Weideflächen lässt, sind die Erreger gewöhnlich schon abgestorben und können die Enten nicht wieder infizieren. Außerdem

Beispiel für einen Entenstall (für etwa sechs Enten/Flugenten)

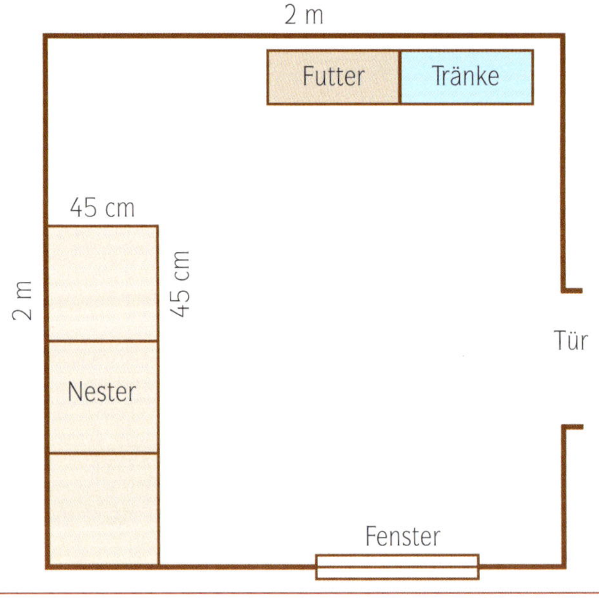

hat es sich bewährt, in den weidefreien Zeiten eine Grünlandpflege zu betreiben, indem man bspw. diejenigen Unkräuter aussticht, die von den Tieren nicht gefressen werden.

Nach einem Aufbringen von Mineraldünger auf das Grünland sollten die Enten erst wieder nach einem Monat Zutritt zu diesen Flächen erhalten.

Etwas aufwändiger erweist sich zumeist die Gestaltung des Auslaufs für Flugenten. Wie es bereits ihr Populärname verrät, können diese Tiere sehr gut fliegen und machen auch des Öfteren Gebrauch davon. Sie kommen zwar in der Regel immer wieder zurück, aber nicht jeder Nachbar hat Verständnis, wenn diese Vögel auf seinem Anwesen zwischenlanden und darauf herummarschieren. Um ein Wegfliegen zu vermeiden, kann man kleinere Ausläufe mit einem 2 m hohen Zaun umgeben und den gesamten Bereich mit feinmaschigen Netzen überspannen. Dagegen wird kein verantwortungsbewusster Kleintierhalter seinen Flugenten (wie früher oftmals praktiziert) die Flügel stutzen, um sie dadurch am Fliegen zu hindern.

Obwohl Enten nicht so stark an das Wasser gebunden sind wie Gänse, sollte trotzdem eine ausreichende große Schwimm- und Bademöglichkeit (zumeist wird das in Form eines kleinen Teiches sein) zur Verfügung stehen. Auf diesen Teich kann man die Enten auch während der kalten Jahreszeit lassen, ohne dass sie dadurch zu Schaden kommen. Genau wie bei den Gänsen sind nämlich auch bei den Enten große Fettmengen in und unter der Haut eingelagert, welche eine isolierende Wirkung haben. Des Weiteren entnehmen alle Wassergeflügelarten mit Hilfe des Schnabels und der Beine regelmäßig ein öliges Sekret aus ihrer Bürzeldrüse und „cremen“ damit ihr Gefieder komplett ein. Dieses Sekret sorgt dafür, dass das Federkleid nicht durchnässt und somit ebenfalls zur Isolierung der Enten beitragen kann.

Hausenten auf der Weide

Weder Gänsen noch Enten bereitet es Spaß, in 20–30 cm hohem Schnee herumzuwaten. Aus diesem Grund sollte man die Tiere bei einer geschlossenen Schneedecke von mehr als 3 cm entweder ganztägig im Stall halten oder – was noch besser ist – den Auslauf stellenweise beräumen. Eine Bewegung an der frischen Winterluft wirkt sich nämlich positiv auf die Gesundheit sowie das Wohlbefinden der Enten aus und fördert gleichzeitig ihren Appetit.

Vermehrung und Nachwuchs

Während Warzenenten recht bereitwillig brüten, ist das bei den meisten Hausentenrassen sowie den Laufenten nicht der Fall. Aus diesem Grund hat es sich als zweckmäßig erwiesen, ständig ein paar Tiere einer relativ brutwilligen Rasse (bspw. Pommernenten) zu halten, denen man die Eier anderer Enten unterschieben kann.

Allerdings besteht dann auch immer die „Gefahr", dass sich die Rassen untereinander paaren und man in der Nachfolgegeneration Hybriden erhält. Diese Hybriden erweisen sich aber leider auch oftmals als schlechte Brüter. Deshalb ist es ratsam, nach dem Schlachten der brutwilligen Exemplare den Entenbestand wieder durch Zukäufe zu komplettieren. Darüber hinaus besteht selbstverständlich auch die Möglichkeit, die Eier der Hausenten in einem Apparat zu bebrüten oder einer anderen Geflügelart unterzuschieben.

Pommernente

Falls man die Eier einer anderen Geflügelart unterschiebt, müssen die Entenküken möglichst direkt nach dem Schlupf von den Ammenvögeln entfernt und separat aufgezogen werden. Diese Form der mutterlosen Aufzucht führt zu weniger Verhaltensproblemen bei den Entenküken, als wenn man sie noch längere Zeit bei den Ammenvögeln lässt. Dann setzt nämlich eine Prägung auf diese Ammenvögel ein, was dazu führen kann, dass die Jungen von diesen Verhaltensweisen übernehmen, die für Enten untypisch sind.

Für die Aufzucht der Entenküken ist ein zugluftfreier, trockener Raum erforderlich, welcher keinesfalls fußkalt sein darf. Ansonsten kann es passieren, dass sich die Küken trotz eines betriebenen Wärmestrahlers schwerste Erkältungskrankheiten zuziehen, die fast immer umfangreiche Verluste nach sich ziehen. In der Praxis zahlreicher Kleintierhalter hat es sich bewährt, in dem Stall, in dem die Küken aufgezogen werden, einen getrennten Schlaf- und Futterbereich zu schaffen. Den Schlafbereich polstert man besonders dick mit Einstreu aus. Als Einstreu hat sich grob gehacktes Stroh sehr bewährt. Falls die Einstreu nämlich zu klein ist, kann es passieren, dass die Küken diese in ihrem Fressdrang verschlingen. Oftmals bleiben dann Teile des Verschlungenen im Kropf der

Hausentenküken

Flugentenküken

Entenküken stecken, wodurch diese qualvoll verenden.

Außerdem ist es günstig, um den Schlafbereich von allen Seiten 30–40 cm breite Holzbohlen flach auf die Einstreu zu legen. Falls die Küken im Futterbereich herumgematscht und dabei nasse Füße bekommen haben, werden diese beim Gang über die Bohlen weitgehend trocken, sodass so gut wie keine Feuchtigkeit in den Schlafbereich gelangt. Unabhängig von diesen Bohlen muss man die Einstreu aber auch im Futterbereich (zumindest partiell) regelmäßig austauschen, um die Gesundheit der Küken nicht zu gefährden. Außerdem empfiehlt sich ein Tränknapf, der an seiner Oberfläche nur von einigen runden Löchern durchbrochen ist. Dadurch verhindert man, dass die Küken diesen als Bade- und Planschmöglichkeit nutzen.

Anfangs sollte die Lufttemperatur im Aufzuchtstall 24–26 °C betragen. Nach spätestens 14 Lebenstagen reduziert man die Wärme wöchentlich um mindestens 2 °C. Außerdem lässt man die Küken bei mildem Wetter so oft wie möglich ins Freie, weil sie auf diese Weise an das Außenklima angepasst und gleichzeitig abgehärtet werden.

Entenpflege

Die wichtigste Form der Pflege besteht darin, sowohl im Stall als auch im Auslauf und im Bade-/Schwimmgewässer für so viel Hygiene wie nur möglich zu sorgen. Insbesondere sind die Futter- und Tränkgefäße regelmäßig zu reinigen, denn durch Kot, der mitunter dort hinein gelangt, können sich schnell Infektionsketten aufbauen, die sich rasch auf den gesamten Entenbestand (analog auch Gänsebestand) ausdehnen.

Zur täglichen Pflege gehört eine kurze Inaugenscheinnahme aller Tiere, was am besten während der Fütterung geschieht. Sobald ein Tier gar kein Futter oder nur geringe Mengen davon aufnimmt, ist das häufig ein Anzeichen für eine Erkrankung, nach deren Ursache man dann weiter suchen muss. Gegebenenfalls ist auch ein Tierarzt zu Rate zu ziehen.

Weitere Anzeichen für eine eventuelle Krankheit sind weitgehende Teilnahmslosigkeit, (schnelle) Abmagerung, dauerhaft herunterhängende Flügel, ein dicker oder leerer Kropf und untypischer Kot (z. B. mit Blutbeimischungen oder extrem dünnflüssig).

Kurzportraits einiger Entenrassen

Aylesbury-Ente

Gruppenzugehörigkeit: Fleischrasse
Gewichte der erwachsenen Tiere:
Ente 3,5–4 kg
Erpel 4–4,5 kg (in Ausnahmefällen 7 kg)

Die weiß gefiederte Aylesbury-Ente gehört zu den Giganten unter den Hausenten, denn sie bringt annähernd ein „Gänsegewicht“ auf die Waage. Diese Rasse zeichnet sich durch eine kräftige, vollfleischige Brust und gut entwickelte Keulen aus. Im Vergleich zu anderen Entenrassen, die sich sehr schnell aufregen, hat die Aylesbury-Ente ein relativ ruhiges Wesen und wird schnell zutraulich. Bei der Haltung sollte man darauf achten, dass vor allem die Erpel nicht zu schwer und damit zu fett werden, weil darunter oft ihre Fruchtbarkeit leidet.

Die Aylesbury-Ente gehört gegenwärtig zu den vom Aussterben bedrohten Arten, weshalb angestrebt wird, dass deutlich mehr Halter diese Rasse pflegen und vor allem vermehren. Bei jedem Zuchtansatz sollte man die Elterntiere so auswählen, dass die einstige Robustheit, welche diese Rasse auszeichnete, in der Nachfolgegeneration wieder stärker zum Tragen kommt. Das bedeutet, möglichst keine schwächlichen, schnell krankheitsanfälligen Exemplare zu verpaaren.

Deutsche Campellente

Gruppenzugehörigkeit: Legerasse
Gewichte der erwachsenen Tiere:
Ente 2 kg
Erpel 2,5 kg

Die Deutschen Campellenten, auch oft nur Campell- oder Khakienten genannt, sind durch die Verpaarungen zwischen Indischen Lauf-, Stock-, Rouen- und Orpingtonenten entstanden. Sie besitzen weitgehend ein mittel- bis dunkelbraunes Gefieder, das nur am Kopf einen dunkelgrünen Schimmer zeigt. Ihr schlanker, halb aufgerichteter Körper ist ein typisches Merkmal, welches von den Indischen Laufenten erhalten blieb. Bis in die 50er-Jahren des vorigen Jahrhunderts wurde diese Entenrasse ganz extrem auf hohe Eierzahlen selektiert. Inzwischen sind die Enteneier aber bei vielen Verbrauchern nicht mehr so beliebt, weshalb es in den letzten Jahrzehnten vielen Haltern genügte, wenn diese Deutschen Campellenten noch 150–200 Eier pro Jahr legten.

Orpingtonente

Gruppenzugehörigkeit: Zweinutzungsrasse
Gewichte der erwachsenen Tiere:
Ente 2,5 kg
Erpel 3 kg

Eine bräunliche bis ockerfarbene Entenrasse, deren Eier geschmacklich stark an die von Hühnern erinnern. Außerdem zeichnet sich auch das Fleisch der Orpingtonenten durch seine Zartheit und Saftigkeit aus. Die Tiere lassen sich gut mästen und stellen dabei relativ geringe

Orpingtonente

Ansprüche an das Futter. Dagegen ist die Brutbereitschaft bei den meisten Orpingtonenten nur schwach ausgeprägt. Falls sich aber ein Exemplar zur Brut „durchgerungen“ hat, bleibt es fast immer sehr verlässlich auf den Eiern sitzen und betreut später auch die Küken gut.

Pekingente

Gruppenzugehörigkeit: Fleischrasse
Gewichte der erwachsenen Tiere:
Ente 3 kg
Erpel 3,5 kg

Diese weiß gefiederten Enten entstanden in Südostasien. Bei den jetzigen Tieren unterscheidet man zwischen den zwei Rassen, und zwar der Deutschen und der Amerikanischen Pekingente. Deutsche Pekingenten haben eine sehr aufgerichtete Haltung und ihr Körper wirkt ein wenig eckig. Allerdings war ihre Legeleistung niedriger als bei ihren amerikanischen Verwandten. Das führte in der Vergangenheit dazu, dass diese Rasse immer seltener gepflegt wurde und heute schon fast einen Ziergeflügelstatus hat.

Pommernente

Gruppenzugehörigkeit: Zweinutzungsrasse
Gewichte der erwachsenen Tiere:
Ente 2,5 kg
Erpel 3 kg

Pommernenten, welche eine der ältesten Rassen im deutschsprachigen Raum darstellen, werden je nach Region und Farbschlag auch als Schweden-, Uckermärker- und Duclairente bezeichnet. Es handelt sich um Tiere mit blaugrauem oder schwarzem Gefieder und einem sehr auffälligen weißen Brustlatz. Pommernenten zeichnen sich durch eine große Widerstandsfähigkeit gegenüber Krankheiten sowie eine hohe Wetterfestigkeit aus. Jährlich werden zwischen 70 und 100 Eier, in Ausnahmefällen auch bis zu 120 gelegt. Pommernenten brüten verhältnismäßig bereitwillig und betreuen später auch die Küken sehr zuverlässig. Bemerkenswert ist noch, dass die Eierschalen der Pommernenten nicht wie bei den meisten anderen Rassen weiß oder hellbraun, sondern blaugrün sind. Ähnlich wie die Aylesbury-Enten sind auch die Pommernenten in ihrem Bestand stark bedroht.

Pekingente

Rouenente

Gruppenzugehörigkeit: Fleischrasse
Gewichte der erwachsenen Tiere:
Ente 3,5–4 kg
Erpel 4–5 kg

Sowohl in ihrer Körperform als auch -färbung wirken die meisten Rouenenten wie schwergewichtige Stockenten. Die Erpel dieser aus Frankreich stammenden Rasse sind sehr bunt gefärbt, während die Weibchen ein weitgehend wildbraunes Gefieder besitzen. Außerdem existieren noch blau-wildfarbene sowie isabellfarbene Schläge. Der Bruttrieb ist bei dieser Rasse nicht sonderlich stark ausgeprägt, obwohl es hin- und wieder vorkommt, dass die Enten auf ihren Eiern sitzen bleiben. Besser ist jedoch eine künstliche Brut oder ein Unterschieben der Eier bei zuverlässiger brütendem Geflügel. Das Fleisch der Rouenente besticht durch seine Zartheit und einen feinen Geschmack.

Rouen-Clair-Ente

Gruppenzugehörigkeit: Fleischrasse
Gewichte der erwachsenen Tiere:
Ente 3–3,5 kg
Erpel 3,5–4 kg

In ihrer Färbung und Körperhaltung ähnelt die aus Frankreich stammende Rouen-Clair-Ente ebenfalls der Stockente. Allerdings ist die Rouen-Clair-Ente massiger als die Stockente, jedoch etwas leichter als die Rouenente.

Bei der Rouen-Clair-Ente handelt sich um eine robuste, geländegängige Rasse, die sehr häufig auf Futtersuche ist, was jedoch nicht heißt, dass man auf die Zufütterung verzichten kann. Die meisten Tiere dieser Rasse werden schnell zutraulich und sind untereinander weniger aggressiv als andere Enten. Des Weiteren haben sie sich zumeist als recht zuverlässige Brutvögel erwiesen, die später auch die Küken gut führen. Das Fleisch der Rouen-Clair-Enten ist sehr feinfaserig und im Vergleich zu den meisten anderen Fleischrassen weniger fett.

Sachsenente

Gruppenzugehörigkeit: Fleischrasse
Gewichte der erwachsenen Tiere:
Ente 3 kg
Erpel 3,5 kg

Die Sachsenente ist eine in Chemnitz entstandene blau-gelb gefärbte Rasse, bei welcher die (blaugrau-braunen) Männchen farbenprächtiger sind als die (gelbbraunen) Weibchen. Als Ausgangstiere für die Zucht dienten Rouen- und Pommernenten. Später fand noch eine Einkreuzung von Deutscher Pekingenten statt. Es handelt sich um eine Rasse mit einer kompakten, jedoch nicht plump wirkenden Statur und einer breiten Brust. Sachsenenten legen jährlich 100–140 Eier. Der Brutinstinkt ist allerdings nicht sonderlich stark ausgeprägt. Wenn aber eine Ente auf den Eiern sitzen bleibt, führt sie aber anschließend ihre Küken sehr gut.

Sachsenente Erpel (oben), Ente (unten)

Schlussbemerkungen

Augen auf beim Tierkauf

Zahlreiche Kleintierhalter kaufen des Öfteren Zucht- oder Jungtiere, um mit diesen ihre Bestände zu erneuern, zu ergänzen oder um Blutauffrischungen durchzuführen. Bei derartigen Käufen sollte man sein Augenmerk vor allem auf den Gesundheitszustand und die Gesamterscheinung der Tiere konzentrieren. So ist es nicht empfehlenswert, Exemplare zu erwerben, die bereits äußere Anzeichen eventueller Erkrankungen aufweisen, wie etwa verklebte Augen oder Ausfluss aus der Nase. Ebenso stellt flüssiger beziehungsweise blutiger Kot nahezu immer ein Indiz für eine Erkrankung dar. Des Weiteren ist es nicht ratsam, Tiere zu erwerben, die sich apathisch verhalten oder stark abgemagert sind. Anders sieht es hingegen mit Exemplaren aus, die sich in einer ungewohnten Umgebung, beispielsweise auf einem Tiermarkt oder auf einer Verkaufsmesse, ängstlich verhalten und dabei übermäßig viel Kot absetzen. Das sind völlig normale Verhaltensweisen und die übermäßige starke Kotabgabe ist nur eine Reaktion auf die Angst. Falls solche Tiere einen gesunden Eindruck machen und außerdem eine ansprechende Gesamterscheinung aufweisen, sind sie absolut kaufwürdig.

Falls man den Verkäufer und dessen Stallanlagen nicht persönlich kennt, lassen sich aus den Erscheinungsbildern der Tiere oft einige Rückschlüsse auf deren bisherige Haltungsbedingungen ziehen. So sollte man von einem möglichen Kauf besser Abstand nehmen, wenn die Tiere beispielsweise in ihrem Gefieder beziehungsweise Fell stark mit Kot und Harn verkrustete Stellen aufweisen. Das sind häufig Indikatoren, dass bei der bisherigen Haltung keine sonderlich gute Stallhygiene herrschte und die Tiere außerdem nicht allzu viel Pflege erfahren haben.

Beim Kauf von Zuchttieren ist es entscheidend, dass diejenigen Merkmale bei ihnen sehr gut ausgeprägt sind, auf die man bei der künftigen Vermehrung besonderen Wert legt. Beabsichtigt man beispielsweise, die Ausbeute wertvoller Fleischteile beim eigenen Schafbestand zu verbessern, sollte beim Erwerb eines neuen Schafbocks darauf geachtet werden, dass dieser vollfleischige Keulen und eine ebenso ausgebildete Rückenpartie besitzt. Des Weiteren ist es gerade bei Zuchttieren wichtig, deren Genitalien genau in Augenschein zu nehmen. Denn was nützt der schönste Schafbock, wenn er beispielsweise eine Anomalie an den Genitalien aufweist und deshalb nicht decken kann. Wer selbst nur wenig oder noch gar keine Erfahrung beim Neukauf von Zuchttieren besitzt, sollte sich auch nicht scheuen, anfangs einen erfahrenen Kleintierhalter um Rat zu fragen oder um Hilfe zu bitten. Dabei hat es sich als günstig erwiesen, wenn man von diesem Kleintierhalter zum Kauf begleitet wird und dieser als Learning-by-doing erfolgt. Der erfahrene Kleintierhalter kann dann nämlich vor Ort noch einige Tipps und Erläuterungen geben, warum seiner Meinung nach das eine oder andere Tier als besonders kaufwürdig anzusehen ist.

Gemeinsam oder einsam?

Zahlreiche Kleintierhalter stellen sich die Frage, ob es sinnvoll wäre, bestimmte Tierarten in einem gemeinsamen Stall und/oder Auslauf zu halten. Falls der Stall groß genug ist, kann man darin durchaus mehrere Tierarten halten. Allerdings sollten diese möglichst in voneinander getrennten Buchten beziehungsweise Stallbereichen untergebracht sein, und zwar aus mehreren Gründen. Auch wenn es auf den ersten Blick mitunter nicht so scheint, weichen die Verhaltensweisen der einzelnen Tierarten voneinander ab. Die Tiere „sprechen" keine gemeinsame Sprache und verstehen deshalb Lautäußerungen und Körperbewegungen von artfremden Exemplaren oft nur unzureichend. Hinzu kommt, dass einige Tierarten recht aggressiv werden können, wenn sie Jungtiere führen und sich „Neugierige" in deren Nähe wagen. Mitunter werden dann die Neugierigen mit Tritten, Bissen, Schnabelhieben oder Flügelschlägen attackiert. Dadurch entsteht nicht nur Unruhe im Stall, sondern diejenigen Tiere, die häufiger angegriffen werden, leiden dann unter Dauerstress. Des Weiteren können Tierarten ihre spezifischen Verhaltensweisen besser und intensiver in der Gemeinschaft von Artgenossen ausleben. Letztlich trägt eine getrennte Haltung auch oftmals zu einer Verbesserung des Gesundheits- und Hygienestatus bei. So können sich beispielsweise manche nur durch direkten Körperkontakt übertragbare Krankheitserreger nicht weiter ausbreiten.

Die leichtere Übertragbarkeit von potentiellen Krankheitserregern ist ein Kriterium, welches gegen eine gemeinsame Nutzung des Weidelandes durch mehrere Tierarten spricht. Falls trotzdem mehrere Arten eine gemeinsame Parzelle beweiden, sollte diese zumindest genügend groß sein, damit sich einzelne Tiere bei Bedarf problemlos aus dem „Weg gehen" können. Insbesondere männliche Tiere reagieren bei Anwesenheit von paarungsbereiten Weibchen recht aggressiv und sehen dann mitunter auch artfremde Exemplare als potentielle Nebenbuhler an. Manchmal ist es in solchen Situationen sinnvoll, die betreffende Tierart bis zum Abklingen der Brunst von den anderen Weidetieren zu separieren. Das kann beispielsweise mit einem leicht aufbaubaren Netzgitterzaun erfolgen. Die brünstigen Tiere hätten dadurch die Möglichkeit, sich ungestört zu paaren, und die restlichen Weidetiere wären keinen weiteren Attacken ausgesetzt.